鹿児島 誠一・安藤恒也 編集

物性科学入門シリーズ

電気伝導入門

東京大学教授
工学博士

前田京剛 著

裳 華 房

INTRODUCTION TO ELECTRICAL CONDUCTION

by

Atsutaka MAEDA, DR. ENG.

SHOKABO

TOKYO

JCOPY 〈出版者著作権管理機構 委託出版物〉

編 集 趣 旨

　現代の物性科学は，物理学・化学の分野だけにとどまらず，エレクトロニクス，マテリアルサイエンス，ナノテクノロジー，環境技術，航空宇宙技術等といった，21世紀の主軸となるであろう諸分野の発展を支えるその基礎として，非常に重要な役割を担うと考えられています．そのため，物性科学を学んで理解し，それを自ら応用していく能力が，様々な分野にわたって広く求められてきております．しかしながら一方で，今日の物性科学は分化・専門化が進み，はじめてこの分野を学ぼうという人たちにとっては非常にしきいの高いものになりつつあります．

　本シリーズは，こうした現状を踏まえ，専門家向けの高度な専門書とは一線を画し，そこに至る橋渡し的な役を担う，理工系大学学部学生向けの物性科学の入門書として企画致しました．

　構成としては物性科学の重要な柱である分野に焦点を絞り，各分野の基礎的事項をポイントを押さえてやさしく解説するものであります．また，各巻は有機的に関連していますが，それぞれが独立に読み進めることができる構成となっています．これによって，その分野の基礎的な知識が整理でき，将来，各分野の専門領域に進んだり，技術者として社会で活躍できるための土台作りができることを目指します．

　また，自分が専門とする以外の物性分野についての基礎的な知識を押さえておきたいという研究者・技術者の人たちにとっても，各分野の概観を手軽に得ることができるものとして本シリーズが役立つものと期待しております．

鹿児島 誠一，安 藤 恒 也

はじめに

　物質が示す様々な性質の中でも，我々の生活に最も応用されているものの1つが電気的性質であろう．実際，現代における便利さの極致ともいえる我々の生活は，半導体デバイスによって支えられている．この半導体という言葉は，まさに，その電気的な性質から命名されたものである．本書は，この物質の電気的性質，すなわち，電気伝導について取り上げ，それに関する話題・考え方を紹介することで，物質科学，特に物性物理学としての入門的な理解を目指すものである．

　電磁気学や量子力学，そして，固体物理学，物性物理学に関する教科書は，古典的名著といわれるものから，現代的な新しいものまで，その数は膨大であるが，電気伝導を中心に取り上げたものはそれほど多くはない．しかしながら，半導体や超伝導といった，一般の人にも比較的知られているキーワードに代表されるように，電気伝導は物性物理学の中で最も派手なアウトプットを有している．そして，その電気伝導を理解することは，物理学の様々な知識・考え方の集大成のようなものであり，またそこから種々の新しい概念が生まれたりもしている．したがって，電気伝導についてひと通り学ぶことによって，物性物理学の歴史，そして，現代物性物理学の世界の入口を俯瞰することができるであろう．

　本書は全8章の構成から成る．第1章で，オームの法則をはじめとする電気伝導についての共通知識を整理した後，第2章および第3章では，物質中の電子のダイナミクスに基づく，伝統的な直流の電気伝導についての理解を目指す．第4章では，それを交流応答へと拡張し，その背後にある普遍的法則を解説する．第5章では，私たちが手にする試料に普通に存在する不純物，さらには様々な乱れが，電気伝導にどのような影響を及ぼすかについて紹介する．乱れの効果は，時に，予期せぬ劇的な効果をもたらすのである．第6章は，いわゆる電子相関の紹介である．電子1個が従う方程式はよく知られている．ところが，物質中には非常に多くの電子が存在することによ

り，ここでもまた，予期せぬ劇的な効果が電気伝導にもたらされたりする．第7章では，雑音を取り上げる．なぜ雑音？と唐突に思う読者も，この章を読むことで，その電気伝導との深いつながりを知るであろう．第8章は，「電気伝導に関する発展的な話題」と題して，文字通り，電気伝導に関する発展的な話題についての紹介の場とした．この章は，読者の今後の興味を喚起する目的で執筆したので，内容がよくわからなくても全く気にする必要はない．この章に限らず，本書は「電気伝導カタログ」たらんことを念頭に置いて執筆したので，本書をきっかけに，巻末に挙げた本格的な文献等と格闘しながら，より深い理解を目指してほしい．

　本書では，力学・電磁気学・熱学・振動・波動論などの大学初年級で学ぶ物理学の知識，ならびに量子力学・統計物理学の入門的事項のみを前提として，学部の3, 4年生から，場合によっては大学院修士課程の学生の自習書・副読本たることを念頭に執筆したものであるが，その原型は，筆者が東京大学教養学部基礎科学科（現 統合自然科学科）で行ってきた，電磁気学II，物性物理学I，II，IIIの講義ならびに学生実験（自然現象におけるゆらぎ）に加えて，前期課程（いわゆる教養課程）の理科生に対して物性物理学の世界を紹介することを目的の1つとして，鹿児島 誠一・小宮山 進・深津 晋の各氏とともに行ってきた挑戦的試み（総合科目「自然現象とモデル」）の中にある．したがって，大学初年級の学生にも本書の活用をぜひお勧めしたい．

　最後に，本書の執筆の機会を与えていただき，さらに拙稿に目を通して貴重なコメントをいただいた，シリーズエディターの鹿児島 誠一先生・安藤 恒也先生，ならびに，執筆を勧めていただいた小宮山 進先生に心から感謝したい．小宮山 進先生には，特に量子ホール効果について多くのご教示もいただいた．また，なかなか執筆の進まない筆者を，忍耐強く激励しながら，終始きめ細かいお世話をして下った，裳華房編集部の小野達也氏にも深く感謝したい．氏の寛容と忍耐，そしてフォローアップがなければ，本書の出版はありえなかったであろう．

　2019年5月

前 田 京 剛

目　　次

1.　物質の電気伝導とオームの法則

1.1　オームの法則・・・・・・・1

1.2　様々な物質の電気伝導・・・・4

1.3　分極と誘電性・・・・・・・6

演習問題・・・・・・・・・・8

2.　オームの法則の微視的理解 (1)

2.1　古典論による自由電子モデル・9

2.2　量子論による自由電子モデル
・・・・・・・・・・・11

　2.2.1　量子論による1個の
自由電子・・・・・11

　2.2.2　量子論によるN個の

自由電子・・・・・15

2.3　結晶とバンド理論
—周期ポテンシャル中の電子—
・・・・・・・・・20

2.4　電気抵抗の原因・・・・・26

演習問題・・・・・・・・・29

3.　オームの法則の微視的理解 (2)

3.1　電子の半古典的動力学・・・31

　3.1.1　半古典近似と有効質量・31

　3.1.2　半古典近似による電気伝導
・・・・・・・・34

　3.1.3　ホール効果と磁気抵抗・37

3.2　電子分布を考慮した扱い・・41

　3.2.1　非平衡分布が従う方程式
—ボルツマン方程式—・41

　3.2.2　金属の電気伝導度の表式
・・・・・・・・44

演習問題・・・・・・・・・45

4.　素励起と分散

4.1　複素伝導度と複素誘電率・・47

　4.1.1　金属の交流応答・・・47

　4.1.2　絶縁体の交流応答・・49

　4.1.3　物質の交流応答・・・49

4.2　誘電分散・・・・・・・・50

　4.2.1　ローレンツ振動子・・・50

viii　目　次

4.2.2　バンド間遷移 ････52
4.2.3　フォノン ･･････56
4.2.4　ポラリトン ･････61
4.3　素励起 ･･････････62
　4.3.1　素励起 ･･････62
　4.3.2　プラズモン ･････63
4.4　線形応答とクラマース‐クロー

ニッヒの関係 ･････64
　4.4.1　クラマース‐クローニッヒ
　　　　の関係 ･･････64
　4.4.2　総和則 ･･････67
　4.4.3　応答関数とエネルギー散逸
　　　　････････67
演習問題････････････69

5.　乱れと電気伝導

5.1　半導体の不純物ドープ ･･･70
　5.1.1　半導体デバイス ････70
　5.1.2　不純物ドープ ････71

5.2　アンダーソン局在 ････76
5.3　近藤効果 ･･･････78
演習問題････････････80

6.　電子相関と電気伝導

6.1　バンド理論の前提 ････81
　6.1.1　断熱近似と1体問題化 ･82
　6.1.2　正当化の根拠 ････85
6.2　電子相関とモット‐ハバード
　　　転移 ･･･････････87
　6.2.1　電子相関 ･･････87

　6.2.2　バンド理論では理解できな
　　　　い物質 ･･････88
　6.2.3　モット絶縁体と
　　　　強相関電子系 ･･･91
　6.2.4　ハバード・モデル ･･･94
演習問題････････････95

7.　雑　音

7.1　様々な雑音 ･･･････97
7.2　ゆらぎの記述 ･･････98
　7.2.1　相関関数と
　　　　パワースペクトル密度･98
　7.2.2　白色雑音のスペクトルと
　　　　相関関数 ･････100
7.3　熱雑音 —ナイキストの定理と黒体
　　　輻射— ･･･････103

7.4　揺動散逸定理 ･････105
7.5　散射雑音･･･････106
7.6　$1/f$雑音･･････107
　7.6.1　欠陥のゆっくりとした運動
　　　　･･･････････108
　7.6.2　非平衡に固有のゆらぎ･110
演習問題 ････････････110

8. 電気伝導に関する発展的な話題

8.1 非線形性（非線形伝導・非線形
光学）・・・・・・・・・・111
　8.1.1 非線形伝導・・・・・・111
　8.1.2 非線形光学・・・・・・114
8.2 物質の秩序状態と非線形伝導
・・・・・・・・・・・・・115
　8.2.1 秩序相と相転移・・・・115
　8.2.2 密度波の滑り運動・・・116
　8.2.3 他の電荷秩序状態での
非線形伝導・・・・・・122
8.3 非局所性（異常表皮効果）・123
8.4 メゾスコピック系・・・・124
　8.4.1 メゾスコピックとは？・124
　8.4.2 ランダウアー公式・・・125
　8.4.3 AB 効果と普遍的コンダク
タンスゆらぎ・・・127
8.5 量子ホール効果・・・・・129
　8.5.1 半導体界面における電子系
の整数量子ホール効果

・・・・・・・・・・129
　8.5.2 磁場下の電子系の量子論的
扱い・・・・・・・131
　8.5.3 整数量子ホール効果の理解
と意義・・・・・・132
　8.5.4 分数量子ホール効果・133
8.6 トポロジカル絶縁体・・・134
　8.6.1 トポロジカル絶縁体・134
　8.6.2 再び整数量子ホール効果
・・・・・・・・・・136
8.7 超伝導・・・・・・・・・141
　8.7.1 小史・・・・・・・・141
　8.7.2 超伝導現象・・・・・143
　8.7.3 超伝導の理解・・・・146
　8.7.4 銅酸化物高温超伝導出現の
意義・・・・・・・155
　8.7.5 磁場下の超伝導状態
—混合状態— ・・・157
演習問題 ・・・・・・・・・158

付　録

A1 物質中の電磁場・・・・・160
　A1.1 物質中のマクスウェル
方程式・・・・・・160
　A1.2 微視場・巨視場・反分極場
・・・・・・・・・・163
A2 半古典的動力学の基礎方程式の
導出・・・・・・・・・164
　A2.1 運動学的方程式・・・164
　A2.2 動力学的方程式・・・165
A3 電磁ポテンシャルとゲージ場

・・・・・・・・・・168
　A3.1 電磁ポテンシャル・・・168
　A3.2 ゲージ場・・・・・・169
　A3.3 AB 効果・・・・・・170
A4 様々な周波数に対する電気伝導
度を測定する際の留意点・171
　A4.1 表皮効果・・・・・171
　A4.2 電磁波の放射・・・・173
　A4.3 集中定数回路・分布定数
回路・立体回路・・・175

x　目　　次

参考文献・・・・・・・・・・・・・・・・・・・・・・・・・・179
より進んだ内容の参考書・・・・・・・・・・・・・・・・・・・183
おわりに・・・・・・・・・・・・・・・・・・・・・・・・・・187
演習問題略解・・・・・・・・・・・・・・・・・・・・・・・・188
索　引・・・・・・・・・・・・・・・・・・・・・・・・・・・199

第 1 章

物質の電気伝導とオームの法則

　電気伝導といえば，真っ先に思い起こされるのがオームの法則である．この章では，本書全体の導入として，オームの法則の復習をはじめとする，物質の電気伝導の概要について述べる．

1.1 オームの法則

　電気伝導の中で最もよく知られているのが**オーム**[1] **の法則**であろう．抵抗体に電圧 V をかけると電流 I が流れ，両者の間には次の比例関係が成り立つ．

$$V = RI \qquad (1.1)$$

この比例係数 R を電気抵抗，あるいは単に抵抗とよぶことは周知の事実である．すなわち，R が大きいほど，同じ電圧に対して流れる電流が小さくなるので，電気抵抗は文字通り，電気の流れにくさを表す量である．(1.1) のオームの法則において，電圧の単位を**ボルト**[2] (V)，電流の単位を**アンペア**[3] (A) にとった場合の抵抗の単位が**オーム** (Ω) である．

　オームの法則は，「物質に電流 I が流れていると電圧降下 V が発生する」という言い方もできる．抵抗 R で電圧降下 V が発生しているときには熱が発生し，それは単位時間当たり，

---

　1) Georg Simon Ohm, 1789.3.16 - 1854.7.6, ドイツ：オームの法則は，キャベンディシュが，1827 年のオームの発見に先んじて発見していたとされる．

　2) Conte Alessandro Giuseppe Antonio Anastasio Volta, 1745.2.18 - 1827.3.5, イタリア．

　3) André-Marie Ampère, 1775.1.20 - 1836.6.10, フランス．

2　1.　物質の電気伝導とオームの法則

$$P \equiv VI = RI^2 = \frac{V^2}{R} \qquad (\text{単位：ワット}[4]\,(\text{W})) \qquad (1.2)$$

で与えられる．これがジュール[5]の法則であり，発生する熱は，一般にジュール熱といわれる．

1点注意したいことは，オームの法則は近似法則だということである．抵抗体に電流 I が流れているときの電圧降下 V は，一般には I の関数 $V(I)$ であり，これを電流 $I = 0$ の周りで展開（マクローリン[6]展開）すると，

$$V(I) = V(0) + \left(\frac{dV(I)}{dI}\right)_{I=0} I + \frac{1}{2}\left(\frac{d^2V}{dI^2}\right)_{I=0} I^2 + \cdots \qquad (1.3)$$

となるが，$V(0) = 0$ であり，電流 I が小さいとして，2次以上の項を無視すると，オームの法則 $V(I) = (dV/dI)_{I=0}\, I \equiv RI$ を得る．すなわち，電気抵抗 R は

$$R = \left(\frac{dV}{dI}\right)_{I=0} \qquad (1.4)$$

であり，オームの法則は，電流 I が小さい場合に成り立つ線形近似の法則である．

オームの法則を

$$I = GV \qquad (1.5)$$

$$G \equiv \frac{1}{R} \qquad (1.6)$$

と表した場合の G をコンダクタンスとよぶ．抵抗が電気の流れにくさを表す量であるのに対して，コンダクタンスは電気の流れやすさを表す量になっている．コンダクタンスの単位は，ジーメンス[7](S) あるいは，電気工学の分野ではしばしば Ω の字を逆さまに ℧ と書いて，モー (mho) ともいう．

図 1.1 のような形状の物質の抵抗 R は，抵抗体の断面積 S を大きくすると，それに反比例して小さくなり，また抵抗体の長さ L を長くすると，それに比例して大きくなる．したがって，

---

4)　James Watt, 1736.1.19 – 1819.8.25, イギリス．

5)　James Prescott Joule, 1818.12.24 – 1889.10.11, イギリス．

6)　Colin Maclaurin, 1698.2 – 1746.6.14, スコットランド．

7)　Ernst Werner von Siemens, 1816.12.13 – 1892.12.6, ドイツ．

$$R = \rho \frac{L}{S} \qquad (1.7)$$

$$G = \sigma \frac{S}{L} \qquad (1.8)$$

$$\sigma = \frac{1}{\rho} \qquad (1.9)$$

と表すことができる.

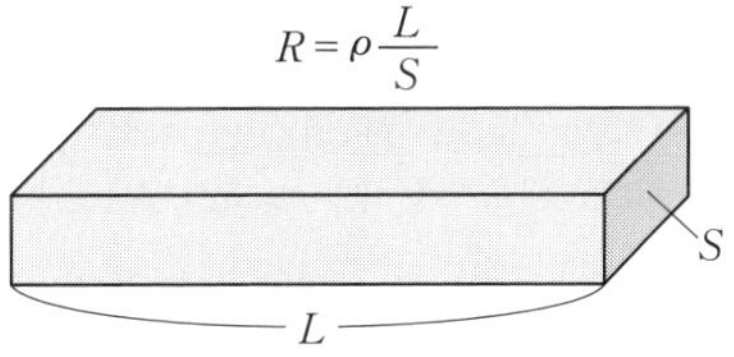

図1.1 のように断面積 S，長さ L の抵抗体に対しては，電圧 V，電流 I はそれぞれ，電場 E，電流密度 j を用いて，

$$V = EL$$

$$I = jS$$

図1.1　抵抗体

（1.7）に現れた比例係数 ρ と，(1.8) に現れた σ は，(1.9) のように互いに逆数の関係にあるが，どちらも，物質の性質のみに依存する物理量で，ρ は**電気抵抗率**（あるいは**抵抗率**），σ は**電気伝導度**（あるいは**伝導度**）とよばれており，それぞれ単位は，ohm・m（あるいは，慣例的に ohm・cm も使う），$\mathrm{ohm}^{-1}\cdot\mathrm{m}^{-1}$ である．したがって，抵抗体を形づくる物質の性質を，様々な異なる抵抗体で比較検討したい場合は，サイズ効果を消し去った ρ や σ を用いることになる.

図1.1 のように断面積 S，長さ L の抵抗体に対しては，電圧 V，電流 I はそれぞれ，電場 E，電流密度 j を用いて，

$$V = EL$$

$$I = jS$$

と表せるので，これらの式ならびに，（1.7）を（1.1）に代入することにより，$E = \rho j$，$j = \sigma E$ が得られる．実際には E や j はベクトルであるので，そのことも考慮すると，

$$\boldsymbol{j} = \sigma \boldsymbol{E} \qquad (1.10)$$

$$\boldsymbol{E} = \rho \boldsymbol{j} \qquad (1.11)$$

のように，場の量 $\boldsymbol{E}$ や $\boldsymbol{j}$ を用いた表式が得られる．電磁気学的な力は場の中を伝わることが知られているので，場の量で表した（1.10）や（1.11）は，オームの法則の近接作用的表現ということができる.

通常は ρ や σ はスカラー量であるが，後述のように，磁場がかかっている場合などは，$\boldsymbol{E}$ の方向と $\boldsymbol{j}$ の方向は一致せず，ρ あるいは σ はテンソル量となる.

1.2 様々な物質の電気伝導

前節で述べたオームの法則の舞台となる抵抗体を形づくる物質には様々なものがあり，その電気抵抗率の大きさも様々である．

図 1.2(a) に，種々の物質の室温付近の温度における電気抵抗率を示した．物質によって，電気抵抗率は実に 25 桁もの違いをみせる．この中で，図 1.2(a) の下の方にあるグループが，電気をよく伝える**導体**である．

これに対して，図 1.2(a) の上の方にある物質群が**絶縁体**あるいは**不導体**である．絶縁体，すなわち，電気を流さないものに対しても，このように，電気抵抗率を定義することができる．例えば，ガラスに 1V の電圧をかけ

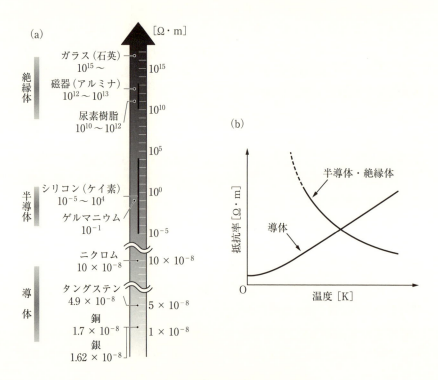

図 1.2 (a) 様々な物質の室温における抵抗率
(b) 物質の抵抗率の温度依存性の模式図
(「物理Ⅱ」（平成 19 年度版，東京書籍）を一部改変)

た場合，ガラスの抵抗率を $10^{15}\,\Omega\cdot\mathrm{m}$ とし，断面積 $1\,\mathrm{cm}^2$，長さ $1\,\mathrm{cm}$ の試料を考えると，流れる電流は $10^{-17}\,\mathrm{A}$ であり，通常の意味では，電流は「流れない」ということになる．

　一方，導体・絶縁体の中間程度の電気抵抗率をもつ物質群も存在し，それらが，文字通り，**半導体**とよばれるものである．半導体という言葉の本来の意味はこういうことであるが，最近では，半導体を利用したデバイスを半導体とよぶことも慣例化している．導体の多くは**金属**である．

　金属と絶縁体は抵抗率の大きさが全く異なるだけでなく，その温度依存性にも顕著な定性的な違いがある．それを模式的に示したのが，図 1.2(b) である．金属の抵抗率は温度が低下すると小さくなる，すなわち，低温ほど電気が流れやすくなる．その様子は大まかに絶対温度 T に比例する．これに対して，絶縁体では，温度が低下するとその抵抗率は急激に増加し（低温ほど電気が流れにくくなり），大まかには，$Ae^{\Delta/k_\mathrm{B}T}$（$A$ は温度のべきを含む弱く温度に依存する関数，Δ は定数，$k_\mathrm{B} = 1.38\times10^{-23}\,\mathrm{J\cdot K^{-1}}$ は**ボルツマン**[8]**定数**）のように表すことが可能である．すなわち，抵抗率は指数関数的に増大する．半導体は，抵抗率の温度依存性に関する限り，絶縁体と質的な差はない．後ほど，量子論を用いた物質の性質の理解のところで，再びこのことを取り上げる．

　物質の電気的性質の違いを理解するには，物質の構造について理解することが鍵となる．なぜ，金属・半導体・絶縁体の違いが生じるかは次章で論じるとして，ここでは，物質が原子が集まった結晶からできており（図 1.3），原子は正電荷をもった原子核と負電荷をもった電子から構成され，その電子の一部が，ある物質では結晶中を自由に動くことのできる**自由電子**になっていると考えよう．物質の電気伝導を担っているのは，この自由電子であり，金属では，物質中を自由に動き回れる電子が多く存在するために，電気が良く流れる．これに対して，絶縁体には自由電子が非常に少ないために，ほとんど電気が流れない．

---

8)　Ludwig Eduard Boltzmann, 1844.2.20 - 1906.9.5, オーストリア．

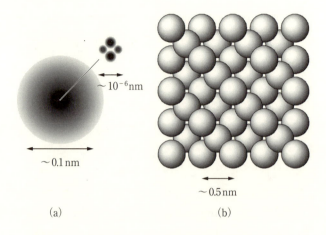

図 1.3 (a) 原子．ここでは，例としてヘリウム（He）の原子を描いてある．中心の狭い領域に正電荷をもった原子核がある．電子は雲のように描かれている．
(b) 結晶．ここでは，例としてシリコン（Si）の結晶を描いてある．球1個がSiの原子を表している．

1.3 分極と誘電性

絶縁体にはほとんど電流が流れないが，電圧をかけると，分極という現象が起こる．いま，理想的に $T = 0\,\mathrm{K}$ における絶縁体を考えよう．そこに自由電子はないが，それぞれの原子に束縛されている電子があり，電圧をかけることによって，図1.4のように，電荷分布がずれて非対称性が現れ，結果として，試料全体が双極子モーメントをもつようになる．これが**分極**であり，慣例的に記号 P で表す．

分極 P は，負電荷から正電荷に向かう向きで定義され，またその大きさは単位表面積当たりの表面電荷，あるいは，単位体積当たりの双極子モーメントの大きさに等しいように定義される（演習問題［2］）．分極の大きさは，加える電場 E を強くしていくと大きくなり，近似的には，1.1節の(1.3) の前後で議論したのと同様に，電場が小さいときは，

$$P = \varepsilon_0 \chi E \tag{1.12}$$

のように，電場 E に比例する．比例係数 χ を**感受率**，ε_0 を**真空の誘電率**と

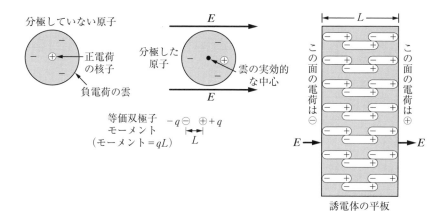

図 1.4 物質の分極

よぶ．感受率は文字通り，物質が電場を感じてどのくらい分極しやすいかを表す量である．

新しい場 D を

$$D \equiv \varepsilon_0 E + P \tag{1.13}$$

と定義し，D を**電気変位**とよぶ．(1.12), (1.13) より,

$$D = \varepsilon E \tag{1.14}$$

$$\varepsilon \equiv \varepsilon_0 \varepsilon_r = \varepsilon_0 (1+\chi) \tag{1.15}$$

のように表すことができ，ε を**誘電率**，ε_r を**比誘電率**とよぶ．

これらの表式は，SI 単位系（MKSA 単位系）でのものであり，物質科学の分野で依然として慣例的に使われている cgs ガウス[9] 単位系では，

$$D \equiv E + 4\pi P \tag{1.16}$$

$$\equiv \varepsilon E \tag{1.17}$$

と定義されるので，E と D は同じ次元になり，また，真空の誘電率 ε_0 に相当するものは 1 であるので，SI 単位系の ε_r に相当するものが，誘電率 ε である．以下でも，特に混乱の恐れがない場合は，ε_r を誘電率とよび，下付き添字の r も省略する．

---

[9] Johann Carl Friedrich Gauß, 1777.4.30 - 1855.2.23, ドイツ.

8   1.   物質の電気伝導とオームの法則

また，電場に関する SI 単位系の表式を cgs 単位系の表式に変換するときは，
$$\varepsilon_0 \,(\text{in SI}) \quad \rightarrow \quad \frac{1}{4\pi} \,(\text{in cgs gauss}) \qquad (1.18)$$
の置き換えをすればよい．

電場 E，電気変位 D は，ともにベクトルであるので，一般には，誘電率 ε もテンソル量となる．

演 習 問 題

［1］　単位体積当たりのジュール熱を求め，場の量で表現せよ．

［2］　単位体積当たりの双極子モーメントの大きさが，単位表面積当たりの表面電荷の量に等しいことを示せ．

第 2 章

オームの法則の微視的理解(1)

　第2章と第3章で，オームの法則を微視的に理解することを目指す．物理学の常として，可能な限り簡単なモデルによる理解から出発する．したがって，第2章では，最初に古典力学による自由電子モデルから出発し，状況に応じてモデルを修正・改良し，最後は，量子論によるバンド理論に至る．そして，それから得られる電気伝導に関する知見を述べる．

2.1　古典論による自由電子モデル

　前章で述べたように，導体の電気伝導は自由電子が担う．典型的な金属では，自由電子は $1\,\mathrm{cm}^3$ 当たり 5×10^{22} 個程度であり，単純に電子の平均間隔を計算すると，$0.2\,\mathrm{nm}$ となる（演習問題 [1]）．電子同士は負の電荷をもっているので，このような間隔では，互いに強くクーロン[1] 相互作用をしそうだが，後に述べる事情により，自由電子という考え方は，物質の性質，特に金属の電気伝導を理解する上で，大変うまくいくことが多い．

　この自由電子の考え方で，オームの法則を微視的に理解してみよう．そのために，まだ物質の構造の詳細がほとんどわかっていなかった時代に，ドゥルーデ[2]-ローレンツ[3] らが考えたモデルを辿ることにしよう．

　一般に物質は電気的に中性なので，自由電子の負電荷を打ち消すだけの正

---

1)　Charles-Augustin de Coulomb, 1736.6.14 - 1806.8.23, フランス.
2)　Paul Karl Ludwig Drude, 1863.7.12 - 1906.7.5, ドイツ.
3)　Hendrik Antoon Lorentz, 1853.7.18 - 1928.2.4, オランダ.

電荷がなければならない．ドゥルーデ(1900)は，自由電子の運動が古典力学（ニュートン[4]力学）で表現でき，図2.1のように，正の電気をもったイオンの配列（**格子**とよぶ）の中を，何度も衝突を繰り返しながら運動していると考えた[(1)]．すなわち，自由電子は電場からエネルギーをもらって加速される一方で，衝突によってそのエネルギーを失い，この両者がつり合って，定常状態が実現していると考える．

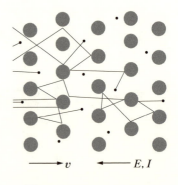

図2.1　ドゥルーデ・モデル

自由電子は電場 E から，力

$$F = -eE \tag{2.1}$$

を受けて加速される．イオンとの衝突が，平均して時間間隔 τ で起こるとすると，衝突から衝突までの間に電場からもらう運動量 Δp は，

$$\Delta p = -eE\tau \tag{2.2}$$

となるので，$\Delta p = mv$．また，電流密度は

$$j = n(-e)v \tag{2.3}$$

から，

$$j = \frac{ne^2\tau}{m}E \tag{2.4}$$

$$\equiv \sigma E \tag{2.5}$$

$$\sigma = \frac{ne^2\tau}{m} \tag{2.6}$$

が得られる．

このように，電流密度と電場の比例関係，すなわち，オームの法則が得られるのみならず，電気伝導度 σ に対して，電子の電荷 $-e$，質量 m，数密度 n などの微視的な量を用いた表式が得られたことになる．ここで，例えば，銅の電子密度 $n = 8.47 \times 10^{22} \mathrm{cm}^{-3}$，電気伝導度 $\sigma \sim 5.9 \times 10^5\, \Omega^{-1} \cdot \mathrm{cm}^{-1}$

---

4)　Sir Isaac Newton, 1642.12.25 – 1727.3.20, イングランド．

$(300\,\text{K})$ を代入すると，$\tau \sim 2.5 \times 10^{-14}\,\text{s}$ となる．

ローレンツ（1905）は，古典統計力学（ボルツマン統計）を適用し，エネルギー等分配則

$$\frac{1}{2}m\langle \boldsymbol{v}^2 \rangle = \frac{3}{2}k_\text{B}T \tag{2.7}$$

より，平均速度 $\sqrt{\langle \boldsymbol{v}^2 \rangle}$ を求めた（$\langle\ \rangle$ は平均を表す）．ここで，$T \sim 300\,\text{K}$，$k_\text{B} = 1.38 \times 10^{-23}\,\text{J}\cdot\text{K}^{-1}$ とすると，$\sqrt{\langle \boldsymbol{v}^2 \rangle} \sim 8.3 \times 10^4\,\text{m}\cdot\text{s}^{-1}$ となる．これから，衝突から衝突までに電子が進む平均的な距離（**平均自由行程**）l を評価すると，$l \sim \sqrt{\langle \boldsymbol{v}^2 \rangle}\,\tau \sim 2.1\,\text{nm}$ となり，現在知られている物質中の原子の間隔程度になることが確かめられた．したがって，古典論，すなわちニュートン力学とボルツマン統計に基づく自由電子モデルは，オームの法則を微視的に理解する上で大成功を収めたように思われた．

しかしながら，時代が進み，結晶作製の技術ならびに，低温技術が進歩すると，金属の平均自由行程はこれよりはるかに大きな値をとりうることがわかってきた．このため，古典論的自由電子モデルは，少なくとも，定量的な問題点を含むことがわかってきた．この解決のために，次節で量子論を導入してみよう．

2.2 量子論による自由電子モデル

2.2.1 量子論による 1 個の自由電子

量子論の基本的な考え方

電子のようなミクロな粒子は，すべて，粒子としての性質と波としての性質の両方をもつ．粒子としての性質，すなわち，運動量 p，エネルギー E と，波としての性質，すなわち，波長 λ，振動数 ν は，

$$E = h\nu \tag{2.8}$$

$$p = \frac{h}{\lambda} \tag{2.9}$$

という極めて簡単な関係で結ばれている．

12   2.　オームの法則の微視的理解(1)

どちらの式にも現れる h は**プランク**[5] **定数**とよばれ，$h = 6.6 \times 10^{-34}$ J·s
である．$1/\lambda$ は単位長さ当たりの波の数，すなわち波数であるので，(2.8)，
(2.9) は，エネルギーおよび運動量が，時間的な振動数，空間的な「振動
数」とそれぞれプランク定数で結ばれていることを表している．これがミク
ロな粒子のもつ二面性の表現であり，プランク定数が粒子としての描像・波
としての描像の仲立ちをする，自然界の最も重要な定数であることを端的に
表している．プランク定数の値は非常に小さいので，この二面性は，我々が
微視的な世界に立ち入らない限りあらわになることはない．

(2.8)，(2.9) は，角振動数 $\omega = 2\pi\nu$，角波数ベクトル $\boldsymbol{k} = (k_x, k_y, k_z)$，
$|\boldsymbol{k}| = \sqrt{k_x^2 + k_y^2 + k_z^2} = 2\pi(1/\lambda)$ を用いて，

$$E = \hbar\omega \tag{2.10}$$

$$\boldsymbol{p} = \hbar\boldsymbol{k} \tag{2.11}$$

$$\hbar \equiv \frac{h}{2\pi} \tag{2.12}$$

のようにも表される．ただし，$\boldsymbol{p}$ は運動量ベクトルであり，

$$\hbar \equiv \frac{h}{2\pi} \tag{2.13}$$

もプランク定数（または，**ディラック**[6] **定数**）とよばれる．

上記のような二面性をもつ粒子（あるいは波）は，**波動関数**（波動場）
$\phi(\boldsymbol{r}, t)$ $(\boldsymbol{r} = (x, y, z))$ で表される．$\phi(\boldsymbol{r}, t)$ の意味は，$|\phi(\boldsymbol{r}, t)|^2 \, dx \, dy \, dz$ が微小
体積 $dx \, dy \, dz$ の中の粒子の存在確率を表すというものである[2]．したがっ
て，$|\phi(\boldsymbol{r}, t)|^2$ は，粒子の存在確率密度を表すことになる．

$\phi(\boldsymbol{r}, t)$ は**シュレーディンガー**[7] **方程式**

$$-\frac{\hbar^2}{2m}\nabla^2\phi(\boldsymbol{r}, t) = i\hbar\frac{\partial}{\partial t}\phi(\boldsymbol{r}, t) \tag{2.14}$$

$$\nabla^2 \equiv \frac{\partial^2}{\partial x^2} + \frac{\partial^2}{\partial y^2} + \frac{\partial^2}{\partial z^2} \tag{2.15}$$

に従うことが知られている．この方程式は，極めて発見的に得られた[3]．

---

5)　Max Karl Ernst Ludwig Planck, 1858.4.23 - 1947.10.4, ドイツ．

6)　Paul Adrien Maurice Dirac, 1902.8.8 - 1984.10.20, イギリス．

7)　Erwin Rudolf Josef Alexander Schrödinger, 1887.8.12 - 1961.1.4, オーストリア．

すなわち，進行波

$$\phi(\boldsymbol{r}, t) = A \exp\{i(\boldsymbol{k}\cdot\boldsymbol{r} - \omega t)\} \tag{2.16}$$

に対して，

$$\frac{\partial}{\partial t}\phi = -i\omega\phi \tag{2.17}$$

$$\nabla\phi = i\boldsymbol{k}\phi \tag{2.18}$$

であるので，

$$\boldsymbol{k} \quad \rightarrow \quad -i\nabla \tag{2.19}$$

$$\omega \quad \rightarrow \quad i\frac{\partial}{\partial t} \tag{2.20}$$

という置き換えが可能であり，これに，(2.10)，(2.11) を考慮して，エネルギーと運動量の関係

$$E = \frac{\boldsymbol{p}^2}{2m} \tag{2.21}$$

に代入することで，シュレーディンガー方程式 (2.14) が得られる．

　このように発見的に得られた方程式ではあるが，この方程式から得られる様々な帰結が実際の現象を大変良く説明できるため，上記の一連の考え方は正しいとされている．

　このように，得られた結果が実際の観測事実と合えば，そこに至る導出方法には意味があると考えるのが，物理学の考え方である．

　(2.14) には，

$$\phi(\boldsymbol{r}, t) = \varphi(\boldsymbol{r})e^{-i\frac{Et}{\hbar}} \tag{2.22}$$

$$-i\hbar\frac{\partial}{\partial t}\phi(\boldsymbol{r}, t) = E\phi(\boldsymbol{r}, t) \tag{2.23}$$

の形の解があり，$\varphi(\boldsymbol{r})$ は

$$-\frac{\hbar^2}{2m}\nabla^2\varphi(\boldsymbol{r}) = E\varphi(\boldsymbol{r}) \tag{2.24}$$

を満たす．(2.24) は**時間に依存しないシュレーディンガー方程式**であり，(2.22) に対しては，存在確率密度 $|\phi(\boldsymbol{r}, t)|^2$ が時間に依存せず一定になる．このような状態を**定常状態**とよぶ．

　(2.23)，(2.24) はそれぞれ，左辺の微分演算を波動関数に行った結果，

14   2.　オームの法則の微視的理解(1)

E という定数を波動関数に掛けたのと同じになったということを意味する.
このような E のことを，微分演算子の**固有値**，そのときの波動関数を**固有
関数**とよぶ．物理的には，量子論での微分演算はある物理量を観測すること
に対応し，固有値，固有関数は，その物理量の観測を行った結果，常に，そ
の物理量が固有値に等しい値をとることを意味している．特に上式の E は
エネルギーであることは明らかであり，定常状態では，エネルギーが常に一
定値 E をとることを表している.

定常状態の自由電子

自由電子に対して定常状態のエネルギー固有値，固有関数を求めてみよ
う．(2.24) は変数分離の方法で一般解を求めることができて，固有関数は

$$\varphi(\boldsymbol{r}) = \phi(x_1)\,\phi(x_2)\,\phi(x_3) \qquad (x_1 = x, x_2 = y, x_3 = z) \qquad (2.25)$$

$$\phi(x_i) = N_i e^{\pm ik_i x_i} \qquad (i = 1, 2, 3) \qquad (2.26)$$

になることが容易にわかる．ただし，定数 N_i は**規格化定数**とよばれ，波動
関数の絶対値の 2 乗が確率密度であることから，**規格化条件**

$$\int |\phi(x_i)|^2\, dx_i = 1 \qquad (2.27)$$

から決められる．また，エネルギー固有値は，

$$E = \epsilon_1 + \epsilon_2 + \epsilon_3 \qquad (2.28)$$

$$\epsilon_i = \frac{\hbar^2}{2m} k_i^2 \qquad (i = 1, 2, 3) \qquad (2.29)$$

となる.

空間に関する微分方程式の解を一意に決定するためには，境界条件が必要
である．いまの場合，電子が示す性質（物性）は，我々が通常手にする結晶
の形や大きさによらないことを鑑みて，原子の間隔等に比べて十分大きな距
離 L で波動関数は周期的である，すなわち，

$$\phi(x_i) = \phi(x_i + L) \qquad (i = 1, 2, 3) \qquad (2.30)$$

と考えるのが，物理的に受け入れられてきた境界条件であり，**周期的境界条
件**とよばれている.

(2.30) を (2.26) に適用すると，

$$k_i L = 2\pi n_i \qquad (n_i \text{ は整数})$$

すなわち,

$$k_i = \frac{2\pi}{L} n_i \qquad (n_i \text{ は整数}) \qquad (2.31)$$

が得られる. また, 周期的境界条件の下では, 規格化定数は,

$$N_i = \frac{1}{\sqrt{L}} \qquad (2.32)$$

となる.

以上をまとめると, 定常状態の自由電子は, 固有状態

$$\varphi(\boldsymbol{r}) = \frac{1}{\sqrt{V}} e^{\pm i k \cdot r} \qquad (V \equiv L^3) \qquad (2.33)$$

$$E = \frac{\hbar^2}{2m} \boldsymbol{k}^2 \qquad (2.34)$$

$$\boldsymbol{k} = (k_x, k_y, k_z) = \frac{2\pi}{L} (n_1, n_2, n_3) \qquad (n_i = 0, 1, \cdots, N-1) \quad (2.35)$$

で表される. 固有関数が平面波であるので, 存在確率密度 $|\varphi|^2$ は場所によらず一定であり, このことは, 自由電子の波動関数がいたるところに広がっている, すなわち, 文字通り, 自由にいろいろなところを動き回っていることを意味している.

2.2.2 量子論による N 個の自由電子

前節で考えた量子論による自由電子が N 個ある場合の, 最もエネルギーの低い定常状態（基底状態）はどのようになるだろうか？[4] 自由電子なので, 電子同士のクーロン反発は考えなくてよい. 多数の粒子に対しては, 粒子の集団を統計的に考えるのが伝統的な考え方なので, 粒子の統計性が問題になる. 量子論で粒子の統計性を考えると, 不確定性原理によって粒子の運動量 $\boldsymbol{p}$ と位置 $\boldsymbol{r}$ を同時に追跡することができないことから, 同種粒子の区別は不可能であるということがわかる.

このことに対応して, 2 通りの可能性が得られる[8]. それは,

---

8) 同種粒子の区別ができないので, 2 つの粒子を入れ替えたときの状態は, 入れ替える前の状態と本質的に同じ状態であると考えられるので, ϵ を定数として, $\phi(\boldsymbol{r}_2, \boldsymbol{r}_1) = \epsilon\phi(\boldsymbol{r}_1, \boldsymbol{r}_2)$ と表せる. 交換をもう一度行うと, $\phi(\boldsymbol{r}_1, \boldsymbol{r}_2) = \epsilon^2\phi(\boldsymbol{r}_1, \boldsymbol{r}_2)$ であるから, $\epsilon = \pm 1$.

16   2. オームの法則の微視的理解(1)

$\phi(\mathbf{r}_1, \mathbf{r}_2) = \phi(\mathbf{r}_2, \mathbf{r}_1)$：粒子の交換に対して波動関数は符号を変えない

(ボース粒子)   (2.36)

$\phi(\mathbf{r}_1, \mathbf{r}_2) = -\phi(\mathbf{r}_2, \mathbf{r}_1)$：粒子の交換に対して波動関数は符号を変える

(フェルミ粒子)   (2.37)

というものである.

どちらの統計に従うかを決めているのは, 粒子のもつ**スピン**という自由度であることがわかっている. スピンとは, 量子論的粒子が必ずもっている固有の角運動量であり, それゆえ, しばしば粒子の自転に例えられるが, その起源は, ディラックによって明らかにされたように, 相対論的量子論的なものである[5].

すなわち, 相対論では空間と時間が一体になった時空を考え, 時空の1点を表すのに, x, y, z の3個の空間座標と, 時刻 t の4個の変数が必要であるが, 同様に, 量子論的粒子の座標として, x, y, z に加えて, 4番目の座標としてスピンが必要になってくる. 電子のスピン角運動量の大きさは $(1/2)\hbar$ であり, その場合, 取りうる可能なスピンとしては, その z 成分が, $+(1/2)\hbar, -(1/2)\hbar$ の2通りである. これをしばしば,「電子のスピンが上向きである, 下向きである」と表現する.

話を粒子の統計性とスピンとの関係に戻すと,

スピンが $\hbar$ の整数倍 → ボース[9]粒子

スピンが $\hbar/2$ の奇数倍 → フェルミ[10]粒子

であることがわかっている[6]. したがって, 電子はフェルミ粒子である.

フェルミ粒子とボース粒子の最大の違いは, ボース粒子は, 1つの量子状態に何個でも入ることができるのに対して, フェルミ粒子は, 1つの量子状態に最大1個までしか入ることができないということである. このことは, 分光データの解釈などから見出された, 受け入れられている原理であり, **パウリ原理(パウリ**[11]**の排他律)**とよぶ[7]. 1つの量子状態というときに, スピンが上向きか下向きかは状態としては異なるものであるが, 通常, 系の

---

9)   Satyendra Nath Bose, 1894.1.1 - 1974.2.4, インド.

10)   Enrico Fermi, 1901.9.29 - 1954.11.28, イタリア.

11)   Wolfgang Ernst Pauli, 1900.4.25 - 1958.12.15, オーストリア.

2.2 量子論による自由電子モデル　17

時間反転対称性から，そのエネルギーは等しい（**縮退している**という）．したがって，スピンの縮退を考慮すると，1つの量子状態には，2個の電子が入ることができる．

このことを考慮して，(2.34) に従って，エネルギーの低い準位から順番に電子が占有されていき，N 個すべてが占有されると，あるエネルギーを境に，それよりエネルギーが高い準位は電子が空で，それ以下ではすべて電子が占有されていることになる．この境目のエネルギーを**フェルミエネルギー** E_F とよび，$E_F = (\hbar^2/2m) k_F^2$ で定義される k_F を**フェルミ波数**とよぶ．

以上のことを電子の分布関数 $f(E)$ で表すと，

$$f(E) = 1 \qquad (E \le E_F) \tag{2.38}$$

$$f(E) = 0 \qquad (E > E_F) \tag{2.39}$$

あるいは，

$$f(\boldsymbol{k}) = 1 \qquad (|\boldsymbol{k}| \le k_F) \tag{2.40}$$

$$f(\boldsymbol{k}) = 0 \qquad (|\boldsymbol{k}| > k_F) \tag{2.41}$$

となる．これが**フェルミ分布関数**である．

これまでの議論から，E_F は N と関係していることがわかる．そこで，具体的に E_F を求めてみよう．

$$2 \times \sum_{|\boldsymbol{k}| \le k_F} 1 = N \tag{2.42}$$

である．ここで，周期的境界条件を考えた L が十分大きいことから，(2.31) の k_i は準連続的であると考えて，$\boldsymbol{k}$ についての和を積分に置き換えることを考える．その際，$k_i = (2\pi/L) n_i$ であるので，

$$\Delta k_i = 1 \quad \longleftrightarrow \quad \Delta n_i = \frac{L}{2\pi} \tag{2.43}$$

であることに注意すると，

$$\sum_{\boldsymbol{k}} \quad \longleftrightarrow \quad 2 \frac{V}{(2\pi)^3} \int d\boldsymbol{k} \tag{2.44}$$

とすればよいことがわかる．ただし，$V \equiv L^3$，$d\boldsymbol{k} = dk_x \, dk_y \, dk_z$ である．

いま，x, y, z すべての方向は等価であるので，$d\boldsymbol{k}$ を，半径 k の球面上の和と，半径が dk 増加する方向の積分

$$d\boldsymbol{k} = 4\pi k^2 \, dk \tag{2.45}$$

18   2. オームの法則の微視的理解(1)

で考えることにより, (2.42) は,

$$N = 2\frac{V}{(2\pi)^3}\int_0^{k_F} 4\pi k^2\,dk = 2\frac{V}{(2\pi)^3}\frac{4}{3}\pi k_F^3 \tag{2.46}$$

となる. これより,

$$k_F = (3\pi^2 n)^{1/3} \tag{2.47}$$

$$n \equiv \frac{N}{V} \tag{2.48}$$

となる. したがって, フェルミエネルギーは,

$$E_F = \frac{\hbar^2}{2m}k_F^2 = \frac{\hbar^2}{2m}(3\pi^2 n)^{2/3} \tag{2.49}$$

のように, 電子数密度に依存する形で得られる.

試みに, 銅の電子密度 $n = 8.47 \times 10^{22}\,\mathrm{cm^{-1}}$, m として電子の質量を代入すると, $E_F \sim 10^5\,\mathrm{K}$ が得られる (演習問題 [1]). また,

$$E_F \equiv \frac{1}{2}mv_F^2 \tag{2.50}$$

で, **フェルミ速度** v_F を定義すると, $v_F \sim 10^7\,\mathrm{cm\cdot s^{-1}}$ にもなる. この議論は $T = 0\,\mathrm{K}$ でのものであるので, このフェルミ速度の大きさは, 量子論特有のゼロ点運動によるものである.

次に, 有限温度[12] について考えてみよう. 有限温度では, 熱エネルギー $k_B T$ をもらって, 空いた準位へ電子の遷移が起こるが, パウリ原理のために, そのような遷移が可能な電子は, フェルミエネルギー近傍の電子だけである. 熱力学と統計力学を適用すると, 有限温度の**フェルミ分布関数**は,

$$f(E) = \frac{1}{\exp\left(\dfrac{E - \mu}{k_B T}\right) + 1} \tag{2.51}$$

となることがわかっている. ただし, μ は温度に依存する**化学ポテンシャル**である.

(2.51) を図示すると図2.2のようになり, E_F 近傍の $k_B T$ 程度の部分が 1 と 0 の中間の値をとる (ボケている) ことがわかる. すなわち, この部分

---

12) 有限温度とは, ゼロでない温度の意味で用いている. 本書では, 他所でも, ゼロでないという意味で「有限」という表現を用いる. 例えば, 有限速度, 有限の傾き等である.

のみが，熱エネルギーによって，よりエネルギーの高い状態に遷移が起こっていることに対応している．$E \gg E_F$ のときは，(2.51) は，

$$f(E) \propto \exp\left(-\frac{E}{k_B T}\right) \quad (2.52)$$

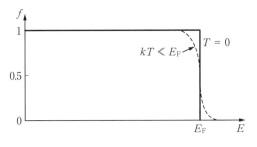

図 2.2　フェルミ分布関数

となり，古典的に知られている**マクスウェル**[13] **- ボルツマン分布**になることがわかる．

$E_F \sim 10^5$ K であるということは，フェルミ分布関数のボケは室温においてもごくわずかであり，その意味では，室温の金属の電子状態は絶対零度とさほど変わらないことになる．このように，フェルミ分布関数が絶対零度とさほど変わらず，それをマクスウェル - ボルツマン分布で近似できない状況を**フェルミ縮退**しているという．

以上のことが，電気伝導にどのような影響を及ぼすであろうか？

2.1 節では，電子の平均自由行程を $v_T \times$ 平均散乱時間（v_T は電子の平均熱速度 $(1/2)mv_T^2 = (3/2)k_B T$）として評価し，それが，ほぼ原子間隔程度になったのだが，実際の金属の平均自由行程は，はるかに長くなり得ることがわかってきたのであった．

これに対して，自由電子を量子論で扱うと，電子の平均速度は熱速度ではなく，フェルミ速度 v_F（$(1/2)mv_F^2 = E_F$）とすべきであることがわかる．その理由は，より定量的な扱いは後述するが，パウリ原理のため，電気伝導に参加できるのはフェルミエネルギー近傍の電子のみであることがわかるので，それらの電子がもっている速度を，フェルミ速度 $v_F \equiv \hbar k_F / m$ で代表させて考えることができるのである．したがって，得られる平均自由行程を，量子論的扱い，古典論的扱いで比較した比の値も，$v_T / v_F \sim (k_B T / E_F)^{1/2} \sim 1/30$ と与えられ，量子論による評価の方が，数十倍，あるいはそれ以上の大きな

---

13) James Clerk Maxwell, 1831.6.13 - 1879.11.5, イギリス．

20   2. オームの法則の微視的理解(1)

平均自由行程を与えることがわかる.

　このように，自由電子の記述に量子論を導入することにより，古典論では
説明できなかった定量的不一致が，かなり解消できることがわかった.

　しかしながら，よくよく考えてみると，これまで議論してきた自由電子の
描像では，物質の電気伝導についての最も基本的な事柄，すなわち，「なぜ
ある物質は電気を良く通し，ある物質は電気を通さないのか？」ということ
が，全く説明されていない. このためには，物質の構造を具体的に考えるこ
とが必要である. 次節では，その話題に進もう.

2.3 結晶とバンド理論 ── 周期ポテンシャル中の電子 ──

　物質は原子が規則的に配列した**結晶**からできている（図1.3）. 原子は正
電荷をもつ原子核と負電荷をもつ電子から構成されており，さらには，電子
は，原子に束縛された**内殻電子**と最も外側にある**価電子**に分類される. 中で
も物質の性質，特に電気伝導に最も重要な役割を果たすのは価電子であり，
価電子以外の部分（内殻電子と原子核）を**格子**とよぶ.

　結晶は，原子の配列が基本周期の繰り返しであるので，格子の座標（**格子
ベクトル**）$\boldsymbol{R}$ は，**基本格子ベクトル** $\boldsymbol{a}_1, \boldsymbol{a}_2, \boldsymbol{a}_3$ を用いて，

$$\boldsymbol{R} = n_1\boldsymbol{a}_1 + n_2\boldsymbol{a}_2 + n_3\boldsymbol{a}_3 \quad （n_i \text{ は整数}） \tag{2.53}$$

のように表すことができる.

　物質が結晶から成り立っていることが，電気伝導にどのように影響を及ぼ
すのであろうか？　ブロッホ[14] は，出来上がったばかりの量子論を結晶に
適用し，物質が結晶からできていることの効果が電子の定常状態に及ぼす効
果を調べた[8]. 結晶の効果は，周期ポテンシャル

$$U(\boldsymbol{r} + \boldsymbol{R}) = U(\boldsymbol{r}) \tag{2.54}$$

として表し，周期ポテンシャル中のシュレーディンガー方程式

$$-\frac{\hbar^2}{2m}\varphi(\boldsymbol{r}) + U(\boldsymbol{r})\,\varphi(\boldsymbol{r}) = E\,\varphi(\boldsymbol{r}) \tag{2.55}$$

---

14)　Felix Bloch, 1905.10.23 - 1983.9.10, スイス.

のエネルギー固有値 E, 固有関数 $\varphi(\boldsymbol{r})$ を求めた. その結果, 量子状態は, 2種類の量子数 $(n, \boldsymbol{k})$ で表され, 固有関数は, いわゆる**ブロッホ関数**

$$\varphi_{n,k}(\boldsymbol{r}) = u_n(\boldsymbol{r})e^{i\boldsymbol{k}\cdot\boldsymbol{r}} \tag{2.56}$$

で表されることがわかった. ただし, $u_n(\boldsymbol{r})$ は格子の周期をもつ関数

$$u_n(\boldsymbol{r} + \boldsymbol{R}) = u_n(\boldsymbol{r}) \tag{2.57}$$

である. すなわち, 波動関数は, 自由電子の固有関数である平面波が, 格子の周期をもつ関数で変調された形である.

ブロッホ関数は次のようにも表すことができる (演習問題 [4]).

$$\varphi(\boldsymbol{r} + \boldsymbol{R}) = e^{i\boldsymbol{k}\cdot\boldsymbol{R}}\varphi(\boldsymbol{r}) \tag{2.58}$$

すなわち, 波動関数は格子の周期をもたないが, 格子ベクトルだけ並進した場所での波動関数は, 元の波動関数に位相因子を掛けたものになり, そこに**量子数 $\boldsymbol{k}$** が登場する.

一方, エネルギー固有値は, 図 2.3(a)のように, 一定の範囲の値のみとり得て, とり得ない範囲ととり得る範囲が交互に現れる. いわゆる**バンド構造**(帯構造)であり, エネルギー固有値があるところを**許容帯**, そうでない

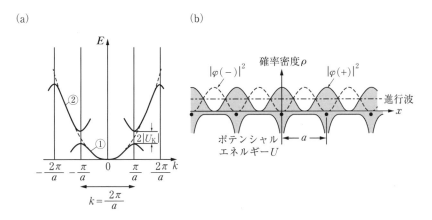

図 2.3 (a) 1次元周期ポテンシャル中の電子のエネルギー固有値の波数依存性(バンド構造). ブリュアン域境界で, ポテンシャルの逆格子ベクトルのフーリエ成分の2倍の大きさのエネルギーギャップが生じている.
(b) ブリュアン域境界での2種類の定常波. $|\varphi(+)|^2$, $|\varphi(-)|^2$ がそれぞれ, (a)の1, 2に対応する.

22 　2. オームの法則の微視的理解 (1)

ところを**禁止帯**とよぶ.

エネルギーがバンド構造をとることを物理的に理解してみよう. 結晶の周期ポテンシャル $U(\boldsymbol{r})$ はフーリエ[15] 級数を用いて

$$U(\boldsymbol{r}) = \sum_{K} U_K e^{i\boldsymbol{K}\cdot\boldsymbol{r}} \qquad (2.59)$$

と表すことができる. ここで, $\boldsymbol{K}$ は**逆格子ベクトル**とよばれる, 距離の逆次元をもつベクトルで, 格子の基本ベクトル $\boldsymbol{a}_1, \boldsymbol{a}_2, \boldsymbol{a}_3$ を用いて定義される**逆格子基本ベクトル**

$$\boldsymbol{b}_1 \equiv \frac{\boldsymbol{a}_2 \times \boldsymbol{a}_3}{\boldsymbol{a}_1 \cdot (\boldsymbol{a}_2 \times \boldsymbol{a}_3)} \qquad (2.60)$$

$$\boldsymbol{b}_2 \equiv \frac{\boldsymbol{a}_3 \times \boldsymbol{a}_1}{\boldsymbol{a}_1 \cdot (\boldsymbol{a}_2 \times \boldsymbol{a}_3)} \qquad (2.61)$$

$$\boldsymbol{b}_3 \equiv \frac{\boldsymbol{a}_1 \times \boldsymbol{a}_2}{\boldsymbol{a}_1 \cdot (\boldsymbol{a}_2 \times \boldsymbol{a}_3)} \qquad (2.62)$$

の 1 次結合 (ただし, 重ね合わせの係数 m_1, m_2, m_3 はすべて整数) で,

$$\boldsymbol{K} = m_1\boldsymbol{b}_1 + m_2\boldsymbol{b}_2 + m_3\boldsymbol{b}_3 \qquad (2.63)$$

のように表すことができ, 明らかに,

$$e^{i\boldsymbol{K}\cdot\boldsymbol{R}} = 1 \qquad (2.64)$$

が成り立つ.

ブロッホ関数の指数 $\boldsymbol{k}$ も, 逆格子基本ベクトルの 1 次結合で表すことができる. すなわち,

$$\boldsymbol{k} = k_1\boldsymbol{b}_1 + k_2\boldsymbol{b}_2 + k_3\boldsymbol{b}_3 \qquad (2.65)$$

であるが, もちろん, k_1, k_2, k_3 は一般には整数ではない.

電子の波は周期ポテンシャルから散乱を受ける. 周期ポテンシャルは様々な逆格子ベクトルの成分を含み, 入射波の波数を $\boldsymbol{k}$ とすると, 逆格子ベクトル $\boldsymbol{K}$ で表される成分に散乱された散乱波の波数は, $\boldsymbol{k} - \boldsymbol{K}$ となる. また, 電子波の波長を変化させると散乱波の強さも変化する. そこで, 1 次元的な格子の中を進む電子波を考えた場合, 入射波の波数がちょうど $k_i = \pi/a$ (波長 $2a$) になったとき, 散乱波 $k - 2\pi/a = -\pi/a = -k_i$ も入射波と等しい振幅をもつようになり, 定在波のみができる.

---

15) 　Jean Baptiste Joseph Fourier, 1768.3.21 – 1830.5.16, フランス.

2.3 結晶とバンド理論 — 周期ポテンシャル中の電子 —   23

この状況を図2.3(b)に示した．図2.3(b)のように，生じる定在波は，実線 $|\varphi(+)|^2$ と破線 $|\varphi(-)|^2$ の2通りのものが考えられるが，この2つでは，電子密度が最大のところと格子の正電荷の位置関係が異なり，クーロンエネルギーに差が出る．これにより，自由電子の分散関係に変更が生じる（図2.3(a)）．すなわち，周期ポテンシャルによって，とりうるエネルギーのない禁止帯が生じたことになる．自由電子を出発点として，摂動論によって実際に禁止帯のエネルギーギャップを求めると，波数 K でのギャップの大きさは，そのフーリエ成分 U_K の2倍であることがわかる．

ちなみに，(2.64) が成り立つことから，ブロッホ状態に対して，

$$\varphi(\bm{r} + \bm{R}) = e^{ik \cdot R} \varphi(\bm{r})$$
$$= e^{i(k+K) \cdot R} \varphi(\bm{r}) \tag{2.66}$$

が成り立ち，ハミルトニアンは $\bm{k}$ によらないので，エネルギー固有値に関して，

$$E_k = E_{k+K} \tag{2.67}$$

が成り立つことがわかる．

このように，バンドのエネルギーは波数空間でも，逆格子ベクトルに関する周期性をもっている．このため，通常は，波数ベクトル $\bm{k}$ を，エネルギーギャップを生じる最も小さい波数ベクトルで囲まれた領域に限る．この領域を**第1ブリュアン**[16]**域**とよぶ．第1ブリュアン域を別の言い方で表すと，「波数空間の原点と，逆格子の格子点（逆格子点）を結ぶ線の垂直二等分面で囲まれた領域の中で最小のもの」と表すことができる．

ブリュアン域自体は，より高次のものを考えることができて，第 n ブリュアン域は，「波数空間の原点と，逆格子の格子点（逆格子点）を結ぶ点で，$n-1$ 回，同様の垂直二等分面をよぎる点の集合」と定義することができる．図2.4に，例として，2次元正方格子のブリュアン域を示した．

エネルギーバンドが形成されることを，今度は，十分に離れた原子が近づくことで理解してみよう．2個の原子が近づくことにより，原子に束縛されている電子の波動関数に重なりが生じるようになると，異なる原子間での電

---

16) Leon Nicolas Brillouin, 1889.8.7 - 1969.10.4, フランス.

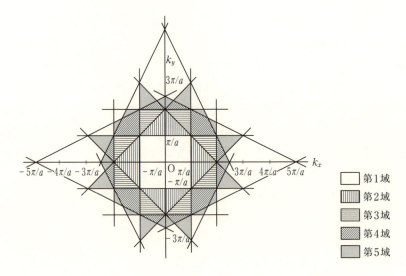

図 2.4 2次元正方格子のブリュアン域．各ブリュアン域は，これを周期的に並べたものになる．　　　　（工藤栄恵 著：「光物性基礎」（オーム社）による）

子の移動が起こり始め，エネルギー準位が結合性と反結合性の2つの準位に分裂する．そして，原子の数を増やしていくと，一定の幅の中に，原子の数だけの準位が並ぶことになる（図2.5）．このように，原子が近づくことによって，原子のエネルギー準位に幅が生じ，許容帯が形成される．また，この過程を振り返るとわかるように，波動関数の重なりが大きいほど，バンドの幅は広くなる．

以上の定性的議論からわかるように，結晶中の電子の量子状態を表す

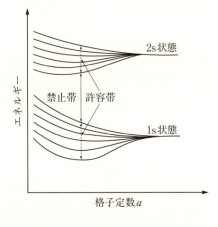

図 2.5 原子の接近によるエネルギー準位の変化

2つの量子数のうち，量子数 n は原子のエネルギー準位の主量子数に対応しており，バンドの指数（何番目のバンドか）を表す．これに対して，k は自

由電子の量子数に対応しており，1つのバンドの中の電子の波数を表している．すなわち，進行波としての電子の遍歴する性質を表している．

このように，結晶中の電子状態は，原子の量子数と自由電子の量子数の二面性を有しており，どちらの要素が強いかによって，許容帯や禁止帯の幅が決まる．

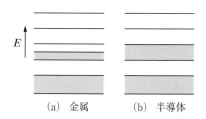

図 2.6 バンド内の電子の占有のされ方の差と電気伝導．灰色の部分が，電子が占有されている部分．

これらのバンド構造は，電気伝導に重大な影響を及ぼす．なぜならば，これらのバンドのどこまで電子が占有されるかは電子の数に依存するが，その結果，次の2つのケースが起こりうる（図2.6）．

　［ケース1］ エネルギーの低いバンドから準位が占有されていき，最もエネルギーの高いバンドの途中まで電子が占有している場合

　［ケース2］ 最もエネルギーの高いバンドが完全に占有され，その上のバンドは完全に空いている場合

［ケース1］では，電場が加わった場合，電子はすぐ上の空いた準位に遷移することができるのに対して，［ケース2］では，すぐ上は禁止帯であるために，最もエネルギーの高い電子でも，空いた準位への遷移ができない．（通常は，電場のエネルギーは，禁止帯の大きさよりもはるかに小さい（第3章の演習問題［1］））．したがって，［ケース1］では電気伝導が起こるのに対して，［ケース2］では電気が流れようがない．前者が導体（金属），後者が絶縁体（不導体）および半導体に対応する．これについては，次節で再び議論する．

絶縁体においても，有限温度では熱エネルギーをもらって，小さいながらも一定の確率で禁止帯の上の空のバンドへ励起される電子があり，この電子が，電気伝導に寄与することができる．温度が上がると，熱励起される電子の数も増えるので，電気伝導は相対的に良くなる．これが，絶縁体の電気伝導度で $A \exp(-\Delta/k_B T)$ の熱活性化型の温度依存性が観測される理由である．

26   2. オームの法則の微視的理解(1)

　禁止帯の大きさが小さければ，励起される電子数もより多くなるので，電気伝導度はより大きくなる．絶縁体と半導体の違いは，この，禁止帯の大きさだけである．金属が低温ほど電気伝導が良くなることの理由は，後ほど議論する．

　スピンの縮退を考えると，1個のバンドが収容可能な電子数は，必ず偶数である．したがって，原子1個当たり奇数個の価電子をもつ物質（例：アルカリ金属，アルミニウム等）は，必ず部分的に占有されたバンドをもつことになり，金属であることがわかる．

　このように，物質が金属になるか否かに対して，非常に簡単な判定規準が与えられたことは，バンド理論の最大の成果である[17]．

2.4　電気抵抗の原因

　ブロッホによる周期ポテンシャルの量子論的扱いは，他にも驚くべき結論を得た．電子波の速度[18]

$$\boldsymbol{v} = \frac{1}{\hbar}\frac{\partial E}{\partial \boldsymbol{k}} \qquad (2.68)$$

を求めると，図 2.3(a) から明らかなように，特別の波数以外は，常に，分散曲線の傾き（エネルギーの波数による微分 $\partial E(\boldsymbol{k})/\partial \boldsymbol{k}$）の値がゼロでないことから，上式で求まる速度は有限であることがわかる．すなわち，定常状態で，電子波が常に有限の速度をもっていることになり，規則的な格子の配列は電気抵抗を与えない．すなわち，周期ポテンシャル中の電子は，「自由に」動けることを意味する．これは，古典論でドゥルーデが最初に描いたイメージと矛盾するように思われる．

---

17) この判定条件の逆は真ならずである．すなわち，Sr, Ca などは，2価（偶数価数）の金属として知られている．これは，2次元以上の系特有の現象であり，ある方向の上のバンドの極小値が別の方向の下のバンドの極大値より低くなるということが起こることに起因している．このような金属を**半金属**という（演習問題[5]）．
18) これは群速度とよばれるものであり，波束に対して意味をもつ概念である．物質中の電子を波束とみなし，そのダイナミクスを議論するのが半古典的な考え方で，次章で詳細に議論する．

2.4 電気抵抗の原因

では，何が電気抵抗を与えるのであろうか？ 図2.7のNaの電気抵抗率の温度依存性をみてみよう．温度の低下とともに，低温では電気抵抗率は一定の値になっている．この一定の部分は，試料の純度に強く依存することから，電気抵抗が温度に依存しない低温では，不純物，格子欠陥や転位などの試料の不完全性，すなわち，周期性からのずれが電気抵抗を与えることがわかる．

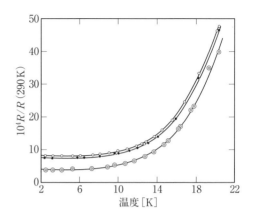

図2.7 Naの電気抵抗率の温度依存性
(290 Kの値で規格化してある)
(D. K. C. MacDonald and K. Mendelssohn:
Proc. Roy. Soc. London. **A202** (1950) 103.)

より高温，すなわち，電気抵抗率が温度に依存している部分では，いくつかの機構が実際に確認されているが，なかでも最もポピュラーなのは，格子の規則性からの動的なずれである．有限温度では，格子は静止しているわけではなく，平衡点の周りで，ランダムに振動している（図2.8）．これらは，振動・波動論で学んだ連成振動子としてモデル化できるので，その運動は，基準振動(基準モード)の重ね合わせで表される．

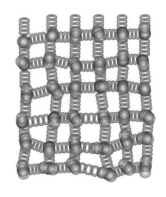

図2.8 格子振動

詳細は4.2.1項で議論するが，基準振動の波数 q と振動数 $\omega(q)$ の関係（分散関係）は，

$$\omega = \left(\frac{\kappa}{M}\right)^{1/2} \left|\sin\frac{qa}{2}\right| \tag{2.69}$$

(κ はばね定数，M は格子の質量，a は格子間隔，$q = |q|$) と表され，それを図示したものが図2.9(a)である．q が小さい極限（長波長の極限）では

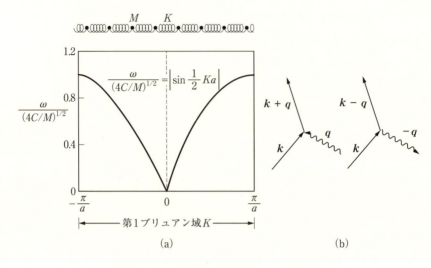

図2.9 (a) 格子振動の基準モードの分散関係
(b) フォノンの吸収・放出

ω が q に比例するので，いくらでも小さいエネルギーで基準振動を励起することができる．

いま，あるモードを考え，そのモードの運動の中で格子が変位すると，局所的に正電荷の密度が変化する．電子波はそれを感じて，散乱を受けるのである．これが，電子-格子の相互作用による非弾性散乱であり，電気抵抗の原因となるものである．温度が上がると，励起される基準モードの数が温度に比例して増えるため，電気抵抗も温度とともに大きくなる．

同じことを量子論で表してみよう．格子振動の基準モードは，それぞれが独立の調和振動子として振る舞うので，これらそれぞれを量子論的調和振動子とみなす．これが場の量子化の考え方である．上記のように，格子が変位して，電子波が散乱されるという出来事は，最初に量子状態 k にあった電子が，基準モード q を吸収して，最終的に量子状態 $k+q$ に遷移する，あるいは，基準モード q を放出して，最終的に量子状態 $k-q$ に遷移すると表される．これを図示したのが，図2.9(b)である．

格子振動を量子化した結果として出てくる「粒子」を**フォノン**（音子）という．すなわち，場の量子化というのは，森羅万象のすべてを粒子の生成・

消滅で表そうという考え方であるともいえる.

　この他に電気抵抗を与える機構としては，電子同士の散乱，磁性をもつ物質であれば，スピン波（マグノン）による散乱などが知られている．例えば，電子同士の散乱の場合は，平均の散乱率 $1/\tau$ は簡単な議論により，

$$\frac{1}{\tau} = A\frac{1}{\hbar}\frac{(k_{\mathrm{B}}T)^2}{E_{\mathrm{F}}} \tag{2.70}$$

であることがわかる（6.1.2 項を参照）．複数の機構が存在する場合，それぞれの機構による散乱の緩和時間を τ_i とすると，全体の緩和時間 τ は

$$\frac{1}{\tau} = \sum_i \frac{1}{\tau_i} \tag{2.71}$$

で与えられるので，電気抵抗率 ρ は，それぞれの散乱機構による電気抵抗率の和になる．しかし，実際の物質でそれぞれの機構の寄与を分離すること，あるいは，どの機構が支配的であるかを実験的に明らかにするということは，それほど容易なことではない.

演 習 問 題

　[1]　電子 1 個が占める体積を半径 r_{s} の球だとして，その，水素原子のボーア半径 $a_0 \equiv \hbar^2/me^2$ に対する比 $\lambda \equiv r_{\mathrm{s}}/a_0$ を考える.

　(1)　Cu 原子では，$n = 8.47 \times 10^{22}\,\mathrm{cm}^{-3}$ である．このとき，無次元パラメーター λ の大きさを求めよ.

　(2)　フェルミ速度 v_{F}，フェルミエネルギー E_{F} を λ で表し，それぞれを $\mathrm{cm \cdot s^{-1}}$，eV で表せ.

　(3)　Cu 原子について，(2) を具体的に評価せよ.

　[2]　$T = 0\,\mathrm{K}$ における自由電子気体の圧力を求め，状態方程式を古典理想気体のそれと比較せよ.

　[3]　フェルミ縮退している電子気体に熱ゆらぎが加わると，そのフェルミエネルギーの近傍 $k_{\mathrm{B}}T$ 程度の幅の電子のみが熱的自由度をもち，それぞれのもつエ

30   2. オームの法則の微視的理解(1)

ネルギーは $(3/2)k_B T$ 程度である．このような物理的考察から，電子の比熱を求めよ．また，それを，ボルツマン分布に従う古典理想気体の比熱と比較せよ．

[4]　ブロッホ関数に関して，(2.56) は (2.58) のように表せることを示せ．

[5]　格子定数 a の2次元の正方形状の格子（正方格子）の単位格子に，2個の伝導電子を含む物質を考えよう．

(1)　自由電子描像から出発し，第1ブリュアン域の電子のフェルミ面を描け．

(2)　$\boldsymbol{k}_1 = (\pi/a)(k_x, 0)$ および $\boldsymbol{k}_2 = (\pi/a)(k_x, k_y)$ 方向でのエネルギーを比較し，さらに，これに格子の周期ポテンシャルが加わった場合，金属になるか絶縁体になるかについて定性的に論ぜよ．

[6]　電子の状態密度 $D(E)$ を，エネルギー $E \sim E + dE$ の間の状態数が $D(E)\,dE$ である物理量として定義する．自由電子に対して，3次元，2次元，1次元，それぞれの状態密度を，エネルギー E の関数として求めよ．

31

第 3 章

オームの法則の微視的理解(2)

　第3章では，第2章で得られたバンド理論による物質の電気伝導の定性的理解をより定量的なものとするため，電子の半古典的動力学と，それを活用することで得られる電気伝導に関する様々な結論について述べる．

3.1　電子の半古典的動力学

3.1.1　半古典近似と有効質量

　ここまでは量子論に基づき，量子状態における電子の占有のされ方だけから電気伝導について論じてきたが，本節では，もう少し定量的に電子のダイナミクスを論じることにしよう．電気伝導について完全に量子論的な扱いをすることは，本書のレベルを大きく超える[1]．現実には，完全に量子論的な扱いをせずとも，多くの帰結が得られる優れた方法が普及している．それが，本節のタイトルの半古典的動力学である．その基本的な考え方は以下の通りである．

　電子は粒子としての側面と波としての側面の両方をもっている．そこで，結晶中の電子を**波束**，すなわち，様々な波長の平面波の重ね合わせ

$$\varphi(\boldsymbol{r}) = \sum_{\boldsymbol{k}} c(\boldsymbol{k})\, e^{i\boldsymbol{k}\cdot\boldsymbol{r}} \tag{3.1}$$

で表す．波束の実空間での広がりを $\Delta\boldsymbol{r}$，波数空間での広がりを $\Delta\boldsymbol{k}$ とすると，

---

　1)　これらについてさらに興味のある読者は，巻末に挙げた参考書を手掛かりに学ばれるとよい．

32   3. オームの法則の微視的理解(2)

これらの間には，よく知られた（古典的）不確定性関係

$$\Delta r \cdot \Delta k \geq 1 \tag{3.2}$$

がある．すなわち，空間的に狭い領域で大きな振幅をもつ波束をつくるためには，より多くの平面波を重ねなければならず，逆に，少ない数の平面波を重ねたときにできる波束は，空間的な広がりが大きくなる．

　上式の両辺にプランク定数 $\hbar$ を掛けると，量子論の不確定性関係

$$\Delta p \cdot \Delta r \geq \hbar \tag{3.3}$$

が得られる．同じ不等式の両辺に $\hbar$ が掛けられたか否かだけの違いであるが，量子論では，運動量と位置の不確定性という新たな意味合いをもってくる．

　さて，半古典的な扱いというのは，以下の条件下で，波束の中心位置と運動量（運動量分布の中心的な値）の両方を時間の関数として追跡できるという考え方である．

（条件1）　$|\Delta r| \ll \lambda$　　（λ は，いま問題になる特徴的な長さ

（電磁波の波長など）） $\tag{3.4}$

（条件2）　$|\Delta k| \ll \dfrac{\pi}{a}$ $\tag{3.5}$

　（条件1）は，文字通り，波束の実空間での広がりが，問題になる他の長さのスケールよりも十分小さいので，電子を粒子としてみなせる，すなわち，波束の中心の座標がある程度確定していると考えられる，という条件に他ならない．また，（条件2）は，波束の中心的な波長が結晶の格子間隔よりもはるかに長いので，一応，ブロッホ波としてみなせる，すなわち，波数 k が良い量子数になっているという条件である．以上を1つにまとめると，

$$\lambda \gg |\Delta r| \gg a \tag{3.6}$$

と表せる．

　この条件が満たされる場合は，次の2式が成り立つことがわかる．

$$\text{(a)} \quad v = \frac{dr}{dt} = \frac{1}{\hbar}\frac{\partial E}{\partial k} \tag{3.7}$$

$$\text{(b)} \quad \frac{d}{dt}\hbar k = -eE \tag{3.8}$$

第 1 式の (3.7) は既出で, 定常状態での波束の速度が, エネルギー固有値の分散から得られるというもの. 一方, 第 2 式の (3.8) は, ダイナミクスに関する限り $\hbar \boldsymbol{k}$ という量を運動量とみなして, それに対する古典的運動方程式を考えればよいという式である. 自由電子に対しては, $\hbar \boldsymbol{k}$ は正確に運動量演算子の固有値であるが, 結晶の周期ポテンシャルがある場合は, 運動量演算子 $-i\hbar\nabla$ の固有値ではない. にもかかわらず, $\hbar \boldsymbol{k}$ を運動量とみなして, それに対する古典的運動方程式を考えればよいというのが, この式の意義である. そこで, $\hbar \boldsymbol{k}$ を**結晶運動量**とよぶ.

いずれにしても, これら 2 式から, 電子の波束の中心位置 $\boldsymbol{r}$ と中心的な運動量 $\hbar \boldsymbol{k}$ の両方を時間的に追跡できることが保証されるのであるから, その意味で, 半古典的扱いといわれている. なお, (3.7) および (3.8) の導出は付録 A2 に記した.

(3.7) の両辺を t で微分すると,

$$\frac{d\boldsymbol{v}}{dt} = \frac{1}{\hbar}\frac{d\boldsymbol{k}}{dt}\frac{\partial^2 E}{\partial \boldsymbol{k}^2} \tag{3.9}$$

となるので, (3.8) を代入することにより,

$$m^*\frac{d\boldsymbol{v}}{dt} = -e\boldsymbol{E} \tag{3.10}$$

$$\frac{1}{m^*} \equiv \frac{1}{\hbar^2}\frac{\partial^2 E}{\partial \boldsymbol{k}^2} \tag{3.11}$$

が得られる. すなわち, 波数ベクトル $\boldsymbol{k}$ の関数であるエネルギー固有値 $E(\boldsymbol{k})$ (**バンド分散**という) の波数ベクトルに関する 2 階微分を $\hbar^2$ で割ったものは質量の逆次元をもち, m^* を**有効質量**とよぶ.

これと, 2.4 節で述べたことを合わせると, 周期ポテンシャル中の量子論的電子は, 自由に動くことができるという意味で自由電子と変わらないが, 周期ポテンシャルの効果により, 質量が有効質量へと変化する, というように表現できる. 一般には, 有効質量はテンソル量である.

電子の波動関数の重なりが小さく, 結果として幅の狭いバンドは, (3.11) の 2 階微分も小さくなり, 有効質量は重い. これに対して, 電子の波動関数の重なりが大きく, 幅の広いバンドの有効質量は小さい.

3.1.2 半古典近似による電気伝導

早速,半古典的方程式を使って,いろいろな現象を議論してみよう.

ブロッホ振動

最初に,不純物のない理想的な結晶中では,一様な電場がかけられていても,直流の電流を流すことができないという,面白い現象が出てくることを示そう.

いま,x 方向に一様な電場 $\boldsymbol{E} = (-E, 0, 0)$ がかけられていて,簡単のために,バンド分散を,

$$E(\boldsymbol{k}) = -W \cos k_x a \tag{3.12}$$

のように1次元的としよう.時刻 $t = 0$ で $\boldsymbol{k} = 0$ という初期条件で,半古典的方程式は簡単に解くことができて,

$$\boldsymbol{k} = -\frac{e\boldsymbol{E}}{\hbar} t \tag{3.13}$$

$$\boldsymbol{v} = \frac{aW}{\hbar} \sin k_x a \tag{3.14}$$

となる.第1式から,$\boldsymbol{k}$ は1つのバンドの中を運動し,波数空間で振動が起こる(図3.1).第1式を第2式に代入することにより,

$$\boldsymbol{v} = \frac{2Wa}{\hbar} \left(\sin \frac{eEa}{\hbar} t, 0, 0 \right) \tag{3.15}$$

が得られ,実空間でも振動が起こる.このように,物質中では直流の電場を加えると振動が起こり,直流の電流は流れない.これを**ブロッホ振動**とよぶ.

例えば,$E = 10 \text{ V} \cdot \text{cm}^{-1}$,$a = 0.3 \text{ nm}$ とすると,$\nu \sim 1.5 \times 10^8 \text{ s}^{-1}$ と

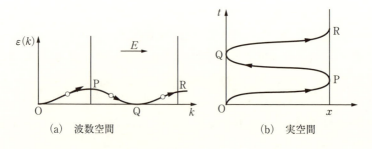

図3.1 半古典的動力学による周期ポテンシャル中の電子の運動

なる．ところが，実際の物質ではブロッホ振動を観測することは極めて困難である．それは，散乱があるからである．既述のように，散乱の緩和時間は，典型的には 10^{-14} s 程度であるので，原理的には振動が起こりえても，通常，実際に振動を観測することは極めて難しい．これに対して，現代では人工的に格子を作製し，かつ，物質の純度を高めることで，ブロッホ振動の観測が報告されている[1]．

また，電場が強くなると，図 3.1 の点 P，R では，一定の確率で上のバンドに遷移をすることができる．これは量子力学に特有の効果で，**ツェナー**[2]**トンネル効果**という．ツェナーによれば，その確率は，

$$P = \exp\left(-\frac{E_0}{E}\right) \tag{3.16}$$

$$E_0 = \frac{\pi^2 E_{\mathrm{gap}}^2}{4ea\varepsilon_0} \quad \left(\varepsilon_0 \equiv \frac{\hbar^2}{2m}\left(\frac{\boldsymbol{K}}{2}\right)^2\right) \tag{3.17}$$

（E_{gap} は点 P，R でのエネルギーギャップの大きさ，$|\boldsymbol{K}| = 2\pi/a$）で与えられる[2]．これによって，実空間の運動領域も広がることになる．

それぞれのバンドの寄与

次に，完全に満ちたバンド，一部だけ占有されたバンド，それぞれからの電気伝導への寄与について考えよう．電流は，バンド内の各電子からの寄与の和であるので，完全に満ちたバンドの場合，

$$\boldsymbol{j} = n(-e)\sum_i \boldsymbol{v}_i \quad （i はバンド内のすべての電子）$$

$$= -\frac{ne}{\hbar}\sum_i \frac{\partial E}{\partial \boldsymbol{k}}$$

$$= -\frac{ne}{\hbar} 2 \frac{1}{(2\pi)^3} \int d\boldsymbol{k} \frac{\partial E}{\partial \boldsymbol{k}} \quad （和を積分に変えた）$$

$$= -\frac{ne}{\hbar} 2 \frac{1}{(2\pi)^3} E_k \Big|_{-\pi/a}^{\pi/a}$$

$$= 0 \tag{3.18}$$

となり，満ちたバンドしかもたない物質（絶縁体・半導体）では，$T = 0$ K であれば，電流が流れないことが確かめられた．

---

2) Clarence Melvin Zener, 1905.12.1 - 1993.7.2, アメリカ．

次に，部分的に満ちたバンドを考えてみよう．ブロッホ振動のところでみたように，実際の物質では有限の緩和時間のために定常状態が実現し，ブロッホ振動は起こらない．定常状態は，(3.8) の右辺に電場から得たエネルギーを捨てる項 $-(\hbar/\tau)\boldsymbol{k}$ を加え，さらに，左辺の時間微分をゼロとおくことで表すことができ，そのときは，

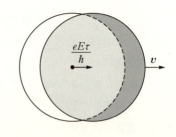

図 3.2 非平衡状態でのフェルミ球

$$\boldsymbol{k} = -\frac{eE\tau}{\hbar} \tag{3.19}$$

となる．これを図示すると図 3.2 のようになり，電子分布がずれる．

3 次元では，フェルミ球がシフトしたとみなすことができる．$\boldsymbol{k}$ 空間の平均をとると，明らかに，$\boldsymbol{j}$ はゼロでなくなる．したがって，部分的に満ちたバンドは直流の電気伝導に寄与する．

さて，この議論は本当にこれでよいのだろうか？すでにみたように，エネルギーの低い，フェルミ準位から離れたところにある電子は，パウリ原理によって，身動きがとれない状態にあるはずであり，すぐ上に述べたような，フェルミ球がシフトするといった考え方には問題がありそうである．そこで，実際は，(非平衡状態の) 電子分布を考慮した扱いが必要になってくる．その詳細は 3.2.2 項で議論するが，結論として，確かに実際に量子状態の遷移を起こすのはフェルミレベル近傍の電子であるが，「フェルミ球全体がシフトする」といっても，"結果だけをみる分には正しい" ということがわかっている．

電気伝導度の金属的表現

フェルミレベル近傍の電子だけが電気伝導に寄与するのであるから，電気伝導度の表式 $\sigma = ne^2\tau/m$ をフェルミエネルギー近傍の物理量を用いて書き直してみよう．$k_\mathrm{F} = (3\pi^2 n)^{1/3}$ (3 次元の場合) 等を用いると，

$$\sigma = \frac{e^2}{h} \frac{2k_\mathrm{F}}{3\pi} k_\mathrm{F} l \quad (3 次元) \tag{3.20}$$

$$\sigma = \frac{e^2}{h} k_F l \qquad (2\text{次元}) \qquad (3.21)$$

$$\sigma = \frac{e^2}{h} \frac{4}{k_F} k_F l \qquad (1\text{次元}) \qquad (3.22)$$

と表せる（演習問題［2］）．ただし，$l \equiv v_F\tau$ はフェルミ準位の電子の平均自由行程である．どの表式にも，抵抗の次元をもつ普遍定数 h/e^2 と，フェルミ準位の電子波の波長と平均自由行程の比である $k_F l$ というパラメーターが含まれており，特に2次元では，この2つの量だけで電気伝導度が表されることがわかる．

これまで我々は，金属の電気伝導度がなぜ大きいか？と問われれば，それは，自由電子がたくさんあるからであると答えたかもしれないが，これらの表式によれば，金属の電気伝導度が大きい理由は，フェルミ速度が大きい，すなわち，ゼロ点運動のスピードが速いからである，という言い方も可能であることがわかる[3]．

3.1.3 ホール効果と磁気抵抗

電場に加えて磁場が加わると，どのような効果が生じるであろうか？磁場に対しても，これまでと同様，半古典的な運動方程式が成り立つことがわかっており，

$$\hbar \frac{d\boldsymbol{k}}{dt} = -e(\boldsymbol{E} + \boldsymbol{v} \times \boldsymbol{B}) \qquad (3.23)$$

が議論の出発点になる．

サイクロトロン運動

（3.23）で $\boldsymbol{E} = 0$ とおき，一様な直流磁場を z 方向にかける．すなわち，$\boldsymbol{B} = (0, 0, B)$ とする．有限の速度をもった電子は，常に速度と垂直の方向に一定のローレンツ力 $-e\boldsymbol{v} \times \boldsymbol{B}$ を受けるので，電子は磁場に垂直な面内で円運動（サイクロトロン運動）を行う．

─────────────

3) フェルミ速度も電子密度の関数であるから，電子の数が多いというのも，フェルミ速度が速いというのも，結局は同じことではないかと言えなくもないが，3.2.2項でみるように，実質的に伝導を支配しているのはフェルミ準位の電子なので，後者の言い方の方が，少なくとも金属に対しては，より的確であろう．

実際,方程式は簡単に解けて,v_0 を電子の初速度の磁場に垂直な面内の成分として,

$$\begin{cases} v_x = v_0 \cos \omega_c t \\ v_y = v_0 \sin \omega_c t \\ v_z = \text{const.} \end{cases} \quad (3.24)$$

が得られ,

$$\omega_c = \frac{eB}{m^*} \quad (3.25)$$

は磁場による円運動の角振動数で,**サイクロトロン周波数**とよばれている. ω_c が正の場合,電子が反時計回りに回転することに対応する.

ホール効果

図3.3のような状況を考えてみよう.矩形状の試料の長さ方向を x 軸とし,そちらに電流 I を流す.加えて,z 方向に一様な直流磁場 B を加える.すぐ上でみたように,電子は磁場からローレンツ力を受けて曲げられる.したがって,x 軸方向の電気伝導が,磁場がかかっていない場合に比べて悪くなることが期待されないだろうか?

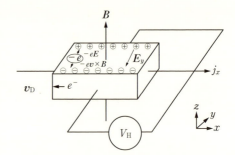

図3.3 ホール効果. z 方向に磁場 B をかけた状態で x 方向に電流 I を流すと,y 方向に電圧 V_H が発生する.これがホール電圧である.

ホール[4]は博士論文の研究で,この効果を検出しようと試みたが,何の変化も観察されなかった.代わりに,今日,**ホール効果**とよばれている新しい効果を発見した[(3)].y 方向に電圧 V_H が発生するのである.これは以下のように理解できる.

x 方向に進む電子は y 方向にローレンツ力を受けて曲げられるが,y 方向には電流は流れることができないので,試料の端に電子がたまる.すると,相対的に負電荷が少なくなった反対側の端には正電荷が現れ,y 方向に電場

---

4) Edwin Herbert Hall, 1855.11.7 - 1938.11.20, アメリカ.

E_y ができる．電子が電場 E_y から受ける力と磁場から受けるローレンツ力がつり合うと，定常状態が実現する．定常状態で発生している横電場 E_y は，B が小さいときは，縦方向の電流密度 j_x と磁場 B に比例するので，

$$R_{\mathrm{H}} = \frac{E_y}{j_x B} \tag{3.26}$$

で定義される量は，近似的に一定値になる．これを**ホール係数**とよぶ．

簡単な計算から，試料の厚みを t とすると，

$$V_{\mathrm{H}} = R_{\mathrm{H}} \frac{BI}{t} \tag{3.27}$$

と表せることが直ちにわかる．したがって，物質のホール係数を精度良く測定したい場合は，磁場を可能な限り強く，また，流す電流を可能な限り大きくすることはいうまでもないが，それに加えて，試料の厚みを薄くすることで，ホール電圧 V_{H} を大きくすることが必要である．

定常状態では，半古典的運動方程式は，

$$\begin{cases} 0 = -eE_x - ev_y B - \dfrac{mv_x}{\tau} \\ 0 = -eE_y + ev_x B - \dfrac{mv_y}{\tau} \end{cases} \tag{3.28}$$

となるので，

$$\begin{pmatrix} j_x \\ j_y \end{pmatrix} = \begin{pmatrix} \sigma_{xx} & \sigma_{xy} \\ \sigma_{yx} & \sigma_{yy} \end{pmatrix} \begin{pmatrix} E_x \\ E_y \end{pmatrix} \tag{3.29}$$

と表したとき，

$$\sigma_{xx} = \sigma_{yy} = \sigma_0 \frac{1}{1 + (\omega_c \tau)^2} \tag{3.30}$$

$$\sigma_{xy} = -\sigma_{yx} = \sigma_0 \frac{\omega_c \tau}{1 + (\omega_c \tau)^2} \tag{3.31}$$

$$\sigma_0 = \frac{ne^2 \tau}{m} \tag{3.32}$$

が得られる．ここで，ω_c は (3.25) のサイクロトロン周波数である．

磁場があると，電気伝導度は非対角成分をもつのでテンソルになり，

$$j_y = 0 \tag{3.33}$$

の条件から，

$$R_H = -\frac{1}{ne} \qquad (3.34)$$

が得られる．

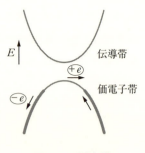

図 3.4　正孔伝導

このように，ホール係数は電子の密度と電荷だけで非常に簡単な形で表される．この結果によれば，ホール係数を測定することで，物質中の電子の密度を実験的に知ることができることになる．

(3.34) によれば，ホール係数は常に負であるが，実際の物質では，ホール係数が正になったり，複雑な温度依存性を示したりする場合がしばしばある．例えば，図 3.4 のような状況を考えてみよう．すなわち，バンドの上端近くまで電子が占有しており，頂点近くにわずかな非占有部分がある場合である．

この場合は，電子が動くと考える代わりに，正電荷をもった非専有部分（隙間）が反対方向に動くと考えても，電気伝導に関して同じ結果が得られる．このような電子の抜けた部分を**正孔**とよぶ．図 3.4 のような場合は，ホール係数は正になる．

このように，物質中を動いている支配的な電気伝導の担い手（**キャリヤー**という）の種類（符号）と数が，ホール係数を測定することでわかる．しかしながら，ホール係数がキャリヤーの数や符号を知るのに有益であるのは，極めて限られた場合である．複数のバンドがフェルミ準位を横切っている場合，ホール係数は，それぞれのキャリヤーの数と**移動度**

$$\mu \equiv \frac{v}{E} = \frac{q\tau}{m} \quad (q\,\text{はキャリヤーの電荷}) \qquad (3.35)$$

の関数となる（演習問題 [3]）．したがって，温度や磁場を変化させてホール電圧を測定した上で，解析によってそれぞれの寄与を分離することになる．

磁気抵抗

(3.29) で $j_y = 0$ とおくと，$j_x = \sigma_0 E_x$ が直ちに得られ，磁場がかかっていても，電気伝導度に変化がないことがわかり，当時，ホールが抵抗の変化を見出せなかったことも理解できる．

このように，バンド（キャリヤー）を1種類のみ考えたときは，磁場による抵抗の増分，すなわち，磁気抵抗はない．しかし，一般に，複数のバンド（キャリヤー）が伝導に寄与する場合は磁気抵抗が発生し，それは，

$$\frac{\Delta\rho}{\rho(B=0)} \equiv \frac{\rho(B) - \rho(B=0)}{\rho(B=0)} \tag{3.36}$$

で定義される．

一般に低磁場では，磁場の2乗に比例して磁気抵抗が増加するが（演習問題［3］），複数のバンドの寄与の詳細に応じて，その振る舞いは複雑である（詳細は巻末の「より進んだ内容の参考書」を参照）．

3.2 電子分布を考慮した扱い

これまで，半古典近似による扱いの枠内で，電気伝導のような電子輸送現象を議論してきた．物質内にはアボガドロ[5]定数のオーダーの電子が存在するが，そのうち1個に対するダイナミクスを考え，他のすべての電子はそれと同様に振る舞うと考えてきた．しかしながら，実際は，電子は熱平衡状態でも，それぞれのもつ運動量は統計的な分布をしていて（フェルミ分布），パウリ原理のため，熱的自由度をもつ電子は，フェルミエネルギー近傍のごく一部のものに限られていた．非平衡状態においてもパウリ原理は有効であると考えられるので，非平衡状態にある物質中の電子も，それらを反映した何らかの分布則に従うはずである．電気伝導に対しても，これらを考慮した，より現実的な議論が必要であろう．

そこで，本節では，非平衡状態で電子がどのような分布に従うかを議論し，それを考慮した電気伝導現象の表現について述べる．

3.2.1 非平衡分布が従う方程式 ― ボルツマン方程式 ―

半古典的記述では，時間の関数として，r および k の変化を追う．そこ

---

5) Lorenzo Romano Amedeo Carlo Avogadro, 1776.8.9 - 1856.7.9, サルデーニャ王国トリノ．

42   3. オームの法則の微視的理解(2)

で，多くの電子を含む場合について，非平衡状態での分布関数を f としよう（これに対して，熱平衡状態の分布関数（フェルミ分布関数）を f_0 と略記する）．f は，$\boldsymbol{r}$ および $\boldsymbol{k}$ の関数であると考えられる．すなわち，$\boldsymbol{r}$ と $\boldsymbol{k}$ で形成される抽象的な空間（位相空間という）$(\boldsymbol{r}, \boldsymbol{k})$ における体積 $\boldsymbol{r} \sim \boldsymbol{r} + d\boldsymbol{r}$, $\boldsymbol{k} \sim \boldsymbol{k} + d\boldsymbol{k}$ の中にある電子の数は $\{2/(2\pi)^3\} f(\boldsymbol{r}, \boldsymbol{k}) d\boldsymbol{r} d\boldsymbol{k}$ と表される．

時刻 $t' \equiv t - dt$，t における位置および波数を，それぞれ $\boldsymbol{r}', \boldsymbol{k}', \boldsymbol{r}, \boldsymbol{k}$ とすると，時刻が t' から t に変化したとき，$\boldsymbol{r}' \to \boldsymbol{r}$, $\boldsymbol{k}' \to \boldsymbol{k}$, および $d\boldsymbol{r}' d\boldsymbol{k}' \to d\boldsymbol{r} d\boldsymbol{k}$ となり，かつ，それぞれの微小体積内の点の数は変化しないので，

$$f(\boldsymbol{r}', \boldsymbol{k}') d\boldsymbol{r}' d\boldsymbol{k}' - f(\boldsymbol{r}, \boldsymbol{k}) d\boldsymbol{r} d\boldsymbol{k} = 0 \qquad (3.37)$$

が成り立つ．位相空間の体積の普遍性（$d\boldsymbol{r}' d\boldsymbol{k}' = d\boldsymbol{r} d\boldsymbol{k}$：リュービル[6] の定理）から，$(df/dt) dt \equiv f(\boldsymbol{r}', \boldsymbol{k}') - f(\boldsymbol{r}, \boldsymbol{k}) = 0$, すなわち，

$$\frac{df}{dt} \equiv \frac{\partial f}{\partial t} + \frac{\partial f}{\partial \boldsymbol{r}} \cdot \frac{d\boldsymbol{r}}{dt} + \frac{\partial f}{\partial \boldsymbol{k}} \cdot \frac{d\boldsymbol{k}}{dt} = 0 \qquad (3.38)$$

が得られる．これが，**ボルツマン方程式**である．それぞれの項の意味を考えてみよう．

（ i ）　第1項：$\partial f/\partial t$

この項は，分布関数が直接に時間に依存することを表したもので，例えば，物質に交流電磁場などをかけた場合に，それによる分布関数の変化を考えることに相当する．

（ ii ）　第2項：$\partial f/\partial \boldsymbol{r} \cdot d\boldsymbol{r}/dt$

この項は，分布関数の空間微分による寄与で，電子の密度が場所ごとに変化しているような場合に引き起こされる変化，すなわち，拡散現象を表している．この項を，以後，$[\partial f/\partial t]_{\text{diff}}$ と記す．

（ iii ）　第3項：$\partial f/\partial \boldsymbol{k} \cdot d\boldsymbol{k}/dt$

この項は，分布関数の波数微分による項で，波数が時間変化するときにゼロでない寄与をする．半古典的運動方程式によれば，電場や磁場が加えられたときに，この寄与が生じるのは明らかである．したがって，この項を，以後，$[\partial f/\partial t]_{\text{field}}$ と記す．第2項，第3項を合わせて，ドリフト項（流動項）$[\partial f/\partial t]_{\text{drift}}$ と記す場合もある．

───────────────

6)　Joseph Liouville, 1809.3.24 - 1882.9.8, フランス.

3.2 電子分布を考慮した扱い 43

これまでの議論では，$t' \to t$ の間に散乱がなく，半古典的運動方程式に従って分布関数が変化すると考えた．実際は，散乱のため，ある量子状態 k'' からいま注目している量子状態 k に現れる電子，また逆に，注目している量子状態 k から別の量子状態 k'' に遷ってしまう電子があり，それによる分布関数の付加的な変化がある．これを，散乱項 $[\partial f/\partial t]_{\text{scatt}}$ と記す．$k \to k''$ の遷移確率および $k'' \to k$ の遷移確率はどちらも等しいとして，それを $W(k, k'')$ とおくと，

$$\left[\frac{\partial f}{\partial t}\right]_{\text{scatt}} = \int [f(k'')\{1 - f(k)\} - f(k)\{1 - f(k'')\}] W(k, k'') \, dk \, dk''$$

$$= \int \{f(k'') - f(k)\} W(k, k'') \, dk \, dk'' \tag{3.39}$$

と表すことができ，ボルツマン方程式は，

$$\frac{\partial f}{\partial t} + \left[\frac{\partial f}{\partial t}\right]_{\text{drift}} + \left[\frac{\partial f}{\partial t}\right]_{\text{scatt}} = 0 \tag{3.40}$$

となる．(3.39) の中の因子 $1 - f$ は，パウリ原理より，電子がその状態に遷移可能な場合は，その状態が空であることが要請されることを表したものである．

ボルツマン方程式は，分布関数の微分と積分を同時に含み，かつ散乱項は，一般には非線形であるので，これを解くのは極めて困難である．そこで，通例，以下のような近似をした上で，先に進む．

緩和時間近似

非平衡状態とはいえ，そのずれは，平衡状態の分布（フェルミ分布）からさほど大きくはずれていないと考えて，

$$f(r, k, t) \equiv f_0(r, k) + g(r, k, t) \tag{3.41}$$

とおいた上で，散乱項を

$$\left[\frac{\partial f}{\partial t}\right]_{\text{scatt}} \equiv -\frac{g(r, k, t)}{\tau} \tag{3.42}$$

と表す．

すなわち，もしずれの原因となっているもの（例えば電場）を急にゼロにすれば，散乱の効果により，ずれは時間 τ を目安として，平衡状態に緩和していくと考える．そこで，τ を**緩和時間**とよび，この近似を**緩和時間近似**と

44   3. オームの法則の微視的理解(2)

いう. 一般には, 逆に, 緩和時間を微視的にどのように求めるかが問題とされる.

3.2.2 金属の電気伝導度の表式

緩和時間近似のもとでボルツマン方程式を様々な場合に応用することは他書に譲るとして, ここでは, 金属の電気伝導度の表式がどのように得られるかについてのみ, みてみよう.

簡単のために, 直流電場のもとで定常電流が流れている場合を考えると, $\partial f/\partial t = 0$, また, 空間的に一様な分布を考えると, $[\partial f/\partial t]_{\text{diff}} = 0$. したがって, ボルツマン方程式は

$$- \frac{g(\boldsymbol{r}, \boldsymbol{k}, t)}{\tau} + \frac{\partial f}{\partial \boldsymbol{k}} \cdot \left(\frac{- e\boldsymbol{E}}{\hbar} \right) = 0 \tag{3.43}$$

である. ただし, 半古典的運動方程式を利用した.

さらに, 分布関数の $\boldsymbol{k}$ 微分を, エネルギー ϵ による微分で置き換え, かつ, 分布関数のエネルギー微分は, 平衡状態の分布の微分で代用できるとすると,

$$- \frac{g(\boldsymbol{r}, \boldsymbol{k}, t)}{\tau} + \frac{\partial f_0}{\partial \epsilon} \frac{\partial \epsilon}{\partial \boldsymbol{k}} \cdot \left(\frac{- e\boldsymbol{E}}{\hbar} \right) = 0 \tag{3.44}$$

が得られ, これから,

$$g(\boldsymbol{r}, \boldsymbol{k}, t) = \left(\frac{- e\tau}{\hbar} \right) \frac{\partial f_0}{\partial \epsilon} \frac{\partial \epsilon}{\partial \boldsymbol{k}} \cdot \boldsymbol{E} = (- e\tau) \frac{\partial f_0}{\partial \epsilon} \boldsymbol{v} \cdot \boldsymbol{E} \tag{3.45}$$

となり, したがって,

$$f(\boldsymbol{k}) = f_0(\boldsymbol{k}) + \left(\frac{- e\tau}{\hbar} \right) \frac{\partial f_0}{\partial \epsilon} \frac{\partial \epsilon}{\partial \boldsymbol{k}} \cdot \boldsymbol{E} \simeq f_0\left(\boldsymbol{k} - \frac{e\tau}{\hbar} \boldsymbol{E} \right) \tag{3.46}$$

という解が得られる.

この表式によれば, 非平衡状態の分布関数は, 平衡状態の分布が, 波数空間で $(e\tau/\hbar)\boldsymbol{E}$ だけシフトしたとみなすことができる. すなわち, 図3.2のように, フェルミ球を構成する全電子が電気伝導に参加しているようにみえてしまうが, 実際には, フェルミ準位近傍の電子だけが量子状態を変えることで電気伝導が起こっているのである.

電気伝導度の表式を求めるため, 電流密度 $\boldsymbol{j}$ が,

$$j = -e \sum_k v f(k) = (-e) \frac{2}{(2\pi)^3} \int v f(k) \, dk \qquad (3.47)$$

で与えられることに注意して，この式に (3.46) を代入し，フェルミ分布のエネルギー微分をディラックのデルタ関数で近似できることを利用する．また，k による積分を，等エネルギー面上の積分およびそれに垂直な方向の積分に分けて，$dk = dk_\perp dS$ と表し，さらに，$dk_\perp \equiv d\epsilon(dk_\perp/d\epsilon) = d\epsilon(1/\hbar|v(k)|)$ であることを利用することで，

$$j = \frac{2}{(2\pi)^3} \frac{e^2\tau}{\hbar} \int_{\epsilon_F} \frac{v(k)\{v(k)\cdot E\}}{|v(k)|} \, dS$$

$$= \left[\frac{2}{(2\pi)^3} \frac{e^2\tau}{\hbar} \int_{\epsilon_F} \frac{v(k)\,v(k)}{|v(k)|} \, dS \right] E \qquad (3.48)$$

が得られる．ここで，積分はフェルミ面上で行い，また，積分中の $v(k)\,v(k)$ は，その ij 成分が，最初の v の i 成分と次の v の j 成分を掛けたものに等しいという，ダイアディック積である．これから，電気伝導度テンソル σ は，

$$\sigma = \frac{2}{(2\pi)^3} \frac{e^2\tau}{\hbar} \int_{\epsilon_F} \frac{v(k)\,v(k)}{|v(k)|} \, dS \qquad (3.49)$$

で与えられることがわかる．

このように，電気伝導度は，速度ベクトルのフェルミ面上での積分という複雑な量である．等方的な場合には，すでにおなじみの

$$\sigma = \frac{ne^2\tau}{m} \qquad (3.50)$$

が得られる（演習問題 [4]）．

演 習 問 題

[1] Si のバンドギャップは，300 K で 1.11 eV，また結晶構造は，立方晶ダイヤモンド構造で，格子定数は 5.430 Å，有効質量は，最も軽い方向で $m^*/m = 0.19$ である．電場をかけて，ツェナートンネル効果を顕著に起こすためには，どれほどの電場をかける必要があるか？

46   3. オームの法則の微視的理解(2)

[2] (1) (3.20), (3.21), (3.22) の式を導出せよ.

(2) h/e^2 が抵抗の次元をもつことを示し, その大きさを求めよ.

[3] 2種類のキャリヤーがある場合 (それぞれキャリヤー密度 n_1, n_2, 移動度 μ_1, μ_2) のホール効果および磁気抵抗の表式を導出せよ. また, 磁気抵抗は弱磁場で, 磁場の2乗に比例して増加することを示せ.

[4] (3.49) より (3.50) を導出せよ.

第 4 章

素励起と分散

これまでは，時間変化しない電場，すなわち直流電場に対するオームの法則についてみてきた．ここでは，時間変化する電場に対してのオームの法則を考えてみよう．交流に対しては，電気伝導度は複素量となり，かつ，物質中の出来事を反映する形で特徴的な周波数に対する依存性を示す．第4章ではこれらについて，また，複素応答関数に関する普遍的な性質についても述べる．

4.1 複素伝導度と複素誘電率

4.1.1 金属の交流応答

振動数 ω で振動する電場に対する金属の応答を，半古典近似の枠内で考えよう．電子に対する運動方程式は，

$$m\frac{d\boldsymbol{v}}{dt} = -e\boldsymbol{E}e^{-i\omega t} - m\frac{1}{\tau}\boldsymbol{v} \tag{4.1}$$

となる．ただし，m は有効質量であり，$*$ は省略してある．振動数 ω で振動する解を求めるために，

$$\boldsymbol{v}(t) = \boldsymbol{v}(\omega)\,e^{-i\omega t} \tag{4.2}$$

とおいて（4.1）に代入すると，

$$\boldsymbol{v}(\omega) = \left(\frac{-e\boldsymbol{E}\tau}{m}\right)\frac{1}{1 - i\omega\tau} \tag{4.3}$$

となるが，

$$\boldsymbol{j} = n(-e)\boldsymbol{v} \tag{4.4}$$

であるので，交流に対してもオームの法則が成立し，

$$j(\omega) = \tilde{\sigma}(\omega) \, E(\omega) \qquad (4.5)$$

$$\tilde{\sigma}(\omega) = \frac{ne^2\tau}{m}\frac{1}{1-i\omega\tau} \qquad (4.6)$$

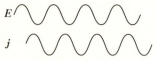

図 4.1 物質の交流応答

と表すことができる．このように，電流応答は複素量になる．

複素量になるという意味は，次のように考えることができる．すなわち，一般に，電場に対する電流応答は，図 4.1 のように，波形の山の位置がずれる．1 波長のずれを複素平面上でベクトルの角度 2π の回転に対応させたのが，複素数表現 (4.6) である．

したがって，様々な表現が可能であり，

$$j = |\tilde{\sigma}|e^{i\theta}E \qquad (4.7)$$

$$= (\mathrm{Re}\,\sigma + i\,\mathrm{Im}\,\sigma)E \qquad (4.8)$$

$$\equiv (\sigma_1 + i\sigma_2)E \qquad (4.9)$$

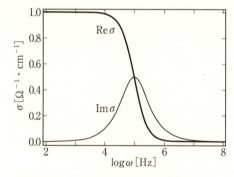

図 4.2 ドゥルーデ伝導度．$\tau = 10^{-5}\,\mathrm{s}^{-1}$，$\sigma_0 = 1\,\Omega^{-1}\cdot\mathrm{m}^{-1}$ とおいたときの複素電気伝導度の周波数依存性

のように，複素電気伝導度をその振幅と位相，もしくは実部と虚部で表すことができる．

ドゥルーデ・モデルの (4.6) では，

$$\sigma_1 = \sigma_0 \frac{1}{1+(\omega\tau)^2} \qquad (4.10)$$

$$\sigma_2 = \sigma_0 \frac{\omega\tau}{1+(\omega\tau)^2} \qquad (4.11)$$

(ただし，$\sigma_0 = ne^2\tau/m$) であり，これを図示すると，図 4.2 のようになる．このように，交流に対する物質の応答は，自由度が 1 個増えて，2 成分になるのが特徴である．

位相のずれが生じる物理的原因についての議論は本章の最後で行うことにし，次に，絶縁体の交流応答についてみてみよう．

4.1.2 絶縁体の交流応答

絶縁体では，1.3 節で議論した通り，電場が加わると分極が発生し，その効果は誘電率 $\varepsilon\,(\boldsymbol{D} = \varepsilon\boldsymbol{E})$ で表される．振動電場に対しては，分極は変位電流 $(\partial\boldsymbol{D}/\partial t)$ として寄与する．電場 $\boldsymbol{E} = \boldsymbol{E}e^{-i\omega t}$ とすると，変位電流 $\boldsymbol{j}_\mathrm{D}$ は，

$$\boldsymbol{j}_\mathrm{D} = -i\omega\boldsymbol{D} = -i\omega\varepsilon\boldsymbol{E} = -i\omega\varepsilon_0\boldsymbol{E} - i\omega\boldsymbol{P} \qquad (\boldsymbol{P} = \varepsilon_0\chi\boldsymbol{E})$$

(4.12)

となる．したがって，$-i\omega\varepsilon$ を虚数の電気伝導度とみなすことができる．

4.1.3 物質の交流応答

これまで，伝導体（金属）と不導体（絶縁体・半導体）を別々に議論してきたが，多くの物質は，少なくとも有限温度では，この両方の性質をもっている．すなわち，伝導電子は伝導電流（真電流）に寄与し，分極は分極電流に寄与する．加えて，分極する効果自身も一般には時間遅れがあり，誘電率自身も，金属の電気伝導度と同様に複素量になる．したがって，これらの両方の効果を合わせて，**複素電気伝導度** $\tilde{\sigma}(\omega)$ で表す．**複素誘電率** $\tilde{\varepsilon}(\omega)$ との関係も合わせて記すと，以下のようになる[1]．

$$\boldsymbol{j} = \tilde{\sigma}(\omega)\,\boldsymbol{E} \tag{4.13}$$

$$\tilde{\sigma} \equiv \sigma_1(\omega) + i\,\sigma_2(\omega) \tag{4.14}$$

$$\boldsymbol{D} = \tilde{\varepsilon}(\omega)\,\boldsymbol{E} \tag{4.15}$$

$$\tilde{\varepsilon}(\omega) \equiv \varepsilon_1(\omega) + i\,\varepsilon_2(\omega) \tag{4.16}$$

$$\tilde{\sigma}(\omega) = -i\omega\{\tilde{\varepsilon}(\omega) - \varepsilon_0\} \tag{4.17}$$

$$\sigma_1 = \omega\varepsilon_2 \tag{4.18}$$

$$\sigma_2 = -\omega(\varepsilon_1 - \varepsilon_0) \tag{4.19}$$

上式の意味において，電気伝導度も誘電率も同じ物理量であるということができる．

---

1)　この表式は，振動部分の時間依存性を $e^{-i\omega t}$ と表した場合に得られるものであることに注意．これは，ベクトル $\boldsymbol{r}$ の正の方向に進む平面波が $e^{i(\boldsymbol{k}\cdot\boldsymbol{r}-\omega t)}$ と表すことができることを想定しているものである．本書の中では，一貫してこちらの定義を用いる．もし，時間依存性を $e^{i\omega t}$ とすると，定義式の諸所の符号が変わってくるので，混同せぬよう，注意されたい．

50   4. 素励起と分散

4.2 誘電分散

それでは，改めて，実際の物質の交流伝導度，あるいは誘電率の周波数依存性にどのようなものがあるかをみてみよう．

4.2.1 ローレンツ振動子

自由電子がどのような交流応答を示すかはすでにみたので，これと対照的な，束縛された電子がどのような交流応答を示すかについてみてみよう．本節の扱いが具体的に物質中のどのような過程に対応するかは，次節以降で順次みていくことにする．

原子核にいくつかの電子が束縛されている状況の原子を考えよう．そのうち1個の電子に注目すると，古典力学的な運動方程式は，電子の位置を $\boldsymbol{r}$ として，

$$m\frac{d^2\boldsymbol{r}}{dt^2} = -e\boldsymbol{E}e^{-i\omega t} - m\omega_0^2\boldsymbol{r} - m\frac{1}{\tau}\frac{d\boldsymbol{r}}{dt} \tag{4.20}$$

となる．ここで，右辺第2項は束縛されているという状況を双極子モーメントを形成することによる復元力で表したもの，第3項は電子が散乱を受ける効果である．また，第1項の電場 $\boldsymbol{E}$ は，付録 A1 で論じるように，マクロな印加電場には必ずしも等しくないが，ここでは，簡単のために，その違いを無視する．

振動数 ω で振動する解を求めるために，

$$\boldsymbol{r}(\omega) = \boldsymbol{r}e^{-i\omega t} \tag{4.21}$$

とおいて（4.20）に代入すると，

$$\boldsymbol{r} = \frac{-e\boldsymbol{E}}{m}\frac{1}{(\omega_0^2 - \omega^2) - i\omega/\tau} \tag{4.22}$$

となる．誘起される双極子モーメントを $\boldsymbol{p}$ とすると，

$$\boldsymbol{p} = -e\boldsymbol{r} = \frac{e^2\boldsymbol{E}}{m}\frac{1}{(\omega_0^2 - \omega^2) - i\omega/\tau} \tag{4.23}$$

となり，単位体積当たりの原子数を N とすると，単位体積当たりの双極子モーメントである分極 $\boldsymbol{P}$ は，

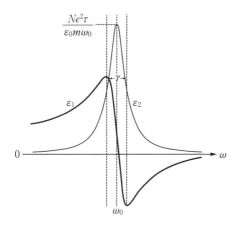

図4.3 ローレンツ振動子の誘電率の周波数依存性. $\varepsilon_1, \varepsilon_2$ は，それぞれ (4.26) の実部，虚部.

$$\bm{P} = N\bm{p} = \frac{Ne^2\bm{E}}{m}\frac{1}{(\omega_0^2 - \omega^2) - i\omega/\tau} \quad (4.24)$$

となり，比誘電率は，

$$\varepsilon = 1 + \frac{1}{\varepsilon_0}\frac{\bm{P}}{\bm{E}} = 1 + \frac{Ne^2}{\varepsilon_0 m}\frac{1}{(\omega_0^2 - \omega^2) - i\omega/\tau} \quad (4.25)$$

となる．これを図示すると図4.3のようになり，この形を**ローレンツ振動子**とよぶ．

原子1個には複数の電子が束縛されているので，以上の議論を一般化して，共鳴周波数 ω_j に属する電子の密度を N_j とすると，誘電率は，

$$\varepsilon = 1 + \frac{e^2}{\varepsilon_0 m}\sum_j \frac{N_j}{(\omega_j^2 - \omega^2) - i\omega/\tau} \quad (4.26)$$

$$\sum_j N_j = N \quad (4.27)$$

と表せるので，$f_j \equiv N_j/N$ とすると，

$$\varepsilon = 1 + \frac{Ne^2}{\varepsilon_0 m}\sum_j \frac{f_j}{(\omega_j^2 - \omega^2) - i\omega/\tau} \quad (4.28)$$

$$\sum_j f_j = 1 \quad (4.29)$$

と表せる．f_j を**振動子強度**とよび，(4.29) を**振動子強度の総和則**とよぶ．

52   4. 素励起と分散

4.2.2 バンド間遷移

前項で述べたローレンツ振動子は，物質中のどのような過程に対応しているのだろうか？物質中の電子のエネルギーはバンド構造をもつので，電磁波との相互作用により，満ちた下のバンドの電子が上のバンドに上がることにより，電気伝導に参加することも可能である．

導出は巻末に紹介する他書に譲るとして，このようなバンド間遷移による誘電率は，まさに前節で論じたローレンツ型になることを導くことができる．ただし，この場合，復元力に対応する共鳴エネルギー ω_j に相当するのは，電子が遷移する量子状態間のエネルギー差

$$\hbar\omega_j = E_j - E_0 \tag{4.30}$$

（E_0，E_j はそれぞれ，遷移前，遷移後の状態のエネルギー）であり，対応する振動子強度は，

$$f_{j0} = \frac{2m\hbar\omega_j}{\hbar^2}|x_{j0}|^2 \tag{4.31}$$

であり，x_{j0} は，位置の演算子 x を始状態および終状態の波動関数で挟んで積分を行った行列要素である．

上の議論では，波数について具体的な記述を行っていなかった．バンド間遷移[2] について，遷移前，遷移後の電子のエネルギーを $\epsilon(\boldsymbol{k})$，$\epsilon'(\boldsymbol{k}')$，**光子**（電磁波を，すぐ後に論じるような格子振動同様の手法で量子化したもの）のエネルギーを $\hbar\omega$，波数を $\boldsymbol{q}$ とすると，運動量保存則ならびにエネルギー保存則が満たされなければならない．

エネルギー保存則は，

$$\epsilon'(\boldsymbol{k}') - \epsilon(\boldsymbol{k}) = \hbar\omega \tag{4.32}$$

であり，運動量保存則は，

$$\hbar\boldsymbol{q} = \hbar\boldsymbol{k}' - \hbar\boldsymbol{k} \tag{4.33}$$

である．

一方，光子の分散は

---

2) 同じバンドの中で，より高いエネルギーの上の準位に遷移するバンド内遷移も起こりうるが，その場合，波数が大きく変化するので，他の励起の助けが必要となる．価電子帯の複数のサブバンド間の遷移についても同様である．

$$\omega = c|\boldsymbol{q}| \quad (c\text{ は光の速さ}) \tag{4.34}$$

であるが，電子のエネルギー差 ΔE は高々数 eV であるので，光の速さが $10^8\,\mathrm{m\cdot s^{-1}}$ と大きいことを考えると，遷移時の電子の運動量変化 $\Delta q = \Delta E/\hbar c \sim 10^7\,\mathrm{m^{-1}} \sim 10^{-3}(\pi/a)$ と逆格子ベクトルに比較して非常に小さく，ほとんど変化しない（垂直遷移）と考えてよい（図 4.4）．このような前提が，本節の最初の議論ではあった．

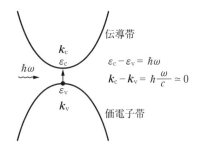

図 4.4 垂直遷移．本図では，$k \to k_\mathrm{v}$, $k \to k_\mathrm{c}$ と表していて，c, v は各々，伝導帯，価電子帯の意味．

このように，電磁波からエネルギーをもらって物質中の電子がその量子状態を変えるのが，**直接遷移**とよばれるものである．一方，この後で論じるような格子振動などを利用することで，垂直でない遷移も可能である（**間接遷移**）．このような過程は高次の過程なので，直接遷移に比べれば，遷移確率ははるかに小さい．LED，半導体レーザーといった発光デバイスが，半導体で最もプロセスの確立している Si（間接遷移）ではなく，GaP 等の物質（直接遷移）を利用しているのは，このような事情による．

バンド構造を考慮に入れたこれらの過程による遷移確率，それによる誘電関数や電気伝導度の導出過程については他書に譲るが，例えば，誘電率の虚数部 ε_2 は，運動量演算子 $\boldsymbol{p} \equiv -i\hbar\nabla$ の，下のバンドと上のバンドの波動関数による行列要素を $\boldsymbol{p}_\mathrm{cv}$，エネルギーの差を ϵ_cv とすると，

$$\varepsilon_2(\omega) = 2\left(\frac{e^2}{\varepsilon_0 m\omega}\right)^2 |\boldsymbol{a}_0 \cdot \boldsymbol{p}_\mathrm{cv}|^2 J_\mathrm{cv} \tag{4.35}$$

$$J_\mathrm{cv} \equiv \frac{1}{(2\pi)^3}\int \frac{dS}{|\nabla_{\boldsymbol{k}}\,\epsilon_\mathrm{cv}|_{\epsilon_\mathrm{cv}=\hbar\omega}} \tag{4.36}$$

のように与えられる．ただし，$\boldsymbol{a}_0$ は電磁波の偏光を表す単位ベクトルであり，(4.36) の中の J_cv は**結合状態密度**とよばれている．

バンド間遷移による吸収をエネルギー（周波数）の関数として測定することで，その物質のバンド構造についての詳細情報が得られることは想像に難

くないが，これをもう少し具体的にみてみよう．

結合状態密度（4.36）の表式中にある $|\nabla_k \epsilon_{cv}|_{\epsilon_{cv}=\hbar\omega}$ がゼロになるようなバンドの点（そのような波数）は，積分の結果，発散こそしないにせよ，積分に大きな寄与をすることが予想され，スペクトルに特徴的な構造として現れる．これらの特異性は**ファン・ホーベ**[3] **の特異性**とよばれ，得られたスペクトルから電子状態を考察する際の重要な手掛かりとなる[(1)]．

特異性を与える波数（特異点）$\boldsymbol{k}_c$ の周りで，エネルギーをテイラー[4] 展開して，

$$\epsilon(\boldsymbol{k}) = \epsilon(\boldsymbol{k}_c) + \beta_1 k_1^2 + \beta_2 k_2^2 + \beta_3 k_3^2 \tag{4.37}$$

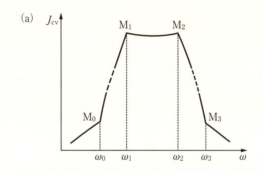

(b) 特異点における結合状態密度 J_{cv}

特異点	タイプ	符号 $\beta_1\ \beta_2\ \beta_3$	J_{cv} $E < E_0$	$E > E_0$
M_0	極小点	＋　＋　＋	0	$C_0(E-E_0)^{1/2}$
M_1	鞍点	＋　＋　−	$C_1 - C_1'(E_0-E)^{1/2}$	C_1
M_2	鞍点	＋　−　−	C_2	$C_2 - C_2'(E-E_0)^{1/2}$
M_3	極大点	−　−　−	$C_3(E_0-E)^{1/2}$	0

図 4.5 (a) ファン・ホーベ特異点 $M_j (j=0,1,2,3)$ は (b) の中の E_0 に対応．
(b) ファン・ホーベ特異点における結合状態密度のエネルギー依存性．
（工藤栄恵著：「光物性基礎」（オーム社）による）

---

3) Léon Charles Prudent van Hove, 1924.2.10 – 1990.9.2, ベルギー．
4) Sir Brook Taylor, 1685.8.18 – 1731.12.29, イギリス．

4.2 誘電分散   55

と表した場合，$\beta_1, \beta_2, \beta_3$ の符号により，極大，極小，2種類の鞍点の4通りの可能性が考えられ，それに応じて，図4.5のようなスペクトルの違いが現れる．

一例として，図4.6に Ge のバンド構造と $\varepsilon_2(\omega)$ を示す．誘電率の虚部のスペクトルに現れる様々な構造が，そこに記したバンド間の遷移のファン・ホーベの特異性に対応した構造である．

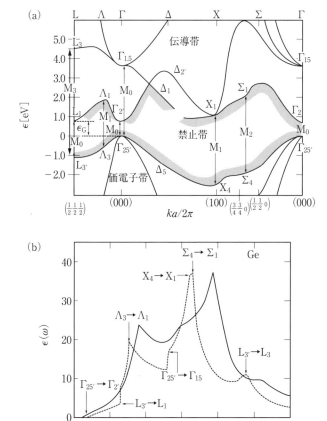

図 4.6　Ge のバンド構造(a)と誘電スペクトル(b)．
(J. C. Phillips, *et al.*: Proc. ICPS. Exeter London (1962), D. Burst, *et al.*: PRL **9**(1962)94 による)

56   4. 素励起と分散

4.2.3 フォノン

これまでは電子の寄与のみを議論してきたが，ローレンツ型の誘電率に寄与できるものとして，格子も挙げることができる．本項では，2.4節で少しだけ議論した格子のダイナミクスについて論じる．

結晶格子に熱ゆらぎ，電磁場などの様々な外乱（摂動）が加わると，結晶格子を形成するイオンまたは原子・分子（以下，原子で代表させる）が動き出す．そして，その動きが他の原子に伝わる．古典的には，この振動は連成振動で表せるので，原子間の相互作用を相対的な変位の2乗までしか考えない調和近似の範囲では，**基準振動**の重ね合わせで表せる．それを簡単に復習しよう．

まず，1次元の格子を考えて，質量 M の $N+1$ 個の原子が平衡状態では間隔 a で並んでいるとしよう．両端の原子に対しては，周期的境界条件

$$u_N = u_0 \tag{4.38}$$

を仮定する．n 番目の格子点の座標を x_n とし，原子の平衡位置からのずれ（原子の並び方向とする）を $u_n(x_n)$，ばね定数を κ とすると，n 番目の原子に対する運動方程式は，

$$M\frac{d^2 u_n}{dt^2} = -\kappa(u_{n+1} - u_n) + \kappa(u_n - u_{n-1}) \tag{4.39}$$

となる．

基準振動は，すべての原子が同じ振動数で振動する状態であるので，

$$u_n(t) = u_n e^{-i\omega t} \tag{4.40}$$

とおいて，（4.39）に代入すると，

$$-M\omega^2 u_n = -\kappa(u_{n+1} - u_n) + \kappa(u_n - u_{n-1}) \tag{4.41}$$

が得られる．基準振動は，これら N 個の同次連立方程式の非自明解を求める途上で現れる行列の固有値・固有ベクトルとして得られるが，一般には N 次方程式を解くことはできない．代わりに，物理的な描像から逆に，q を距離の逆次元をもつ定数，a を格子間隔として

$$u_n = u_0 e^{iqna} \tag{4.42}$$

のような正弦波解が存在すると仮定し，これを差分方程式（4.41）に代入することで，

$$\omega = \left(\frac{4\kappa}{M}\right)^{1/2} \left| \sin \frac{qa}{2} \right| \tag{4.43}$$

が得られる.

ここで得られた ω と q の関係（（時間的な）振動数と波数（空間的な振動数）の関係）を**分散関係**とよび，これは系の力学的性質，すなわち運動方程式からのみ決まり，境界条件，初期条件等にはよらない．(4.43) は，すでに第 2 章の図 2.9 で示したものである．特に q が小さい場合（長波長）の極限では，

$$\omega = \left(\frac{\kappa}{M}\right)^{1/2} aq \tag{4.44}$$

となる．解の波の速度，すなわち群速度 $d(\hbar\omega)/d(\hbar q) = d\omega/dq$ は，(4.44)の場合

$$\frac{d\omega}{dq} = \left(\frac{\kappa}{M}\right)^{1/2} a \tag{4.45}$$

のように，q によらない一定の値となるが，これは物質中の音速に相当する．

以上は原子の変位の方向と原子の並びの方向が同じ**縦波**についての議論だが，原子の変位が並びの方向に垂直な微小振動（**横波**）についても同様の運動方程式が成り立つ．ただし，この場合は，ばね定数 κ の大きさが縦波の場合と異なる．

次に，**単位胞**（結晶の周期構造の基本単位）に，異なる 2 種類の原子がある場合を考える．それぞれの原子の変位を u_n, v_n，質量を M, m とすると，

$$M\frac{d^2 u_n}{dt^2} = -\kappa(v_{n+1} - u_n) + \kappa(u_n - v_{n-1}) \tag{4.46}$$

$$m\frac{d^2 v_n}{dt^2} = -\kappa(u_{n+1} - v_n) + \kappa(v_n - u_{n-1}) \tag{4.47}$$

が成り立ち，同様に，

$$u_n(t) = u_0 \sin na \, e^{-i\omega t} \tag{4.48}$$

$$v_n(t) = v_0 \sin na \, e^{-i\omega t} \tag{4.49}$$

とおいて，(4.47) に代入して得られる連立同時方程式の非自明解が存在する条件として（係数行列式）＝ 0 を解くと，

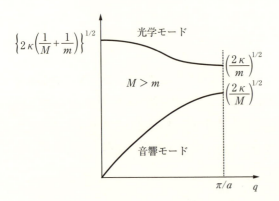

図 4.7 音響モードと光学モードの分散関係

$$\omega^2 = \frac{\kappa}{mM}\left\{(M+m) \pm \sqrt{(M+m)^2 - 2Mm(1-\cos qa)}\right\} \quad (4.50)$$

が得られ,図示すると図 4.7 のようになる.

どちらのモードも,波数 $q = \pi/a$ のときに群速度がゼロになっていることがわかり,ブリュアン域の境界では,進行波解が存在しないことを表している.長波長極限では

$$\omega^2 = \begin{cases} 2\kappa\left(\dfrac{1}{m} + \dfrac{1}{M}\right) \\ \dfrac{\kappa}{2(m+M)} a^2 q^2 \end{cases} \quad (4.51)$$

と表され,それぞれに対応する (u, v) を求めると,図 4.8 のようになる.

後者のモードは,分散関係,原子変位ともに,最初に議論した,1 種類の原子のみがある場合と同じであり,**音響モード**とよばれる.これに対して,前者のモードは,2 種類の原子が互いに逆位相で振動するモードで分極を誘発するため,光学伝導度測定で観測することが可能であることから,**光学モード**とよばれる.

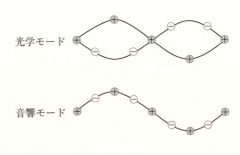

図 4.8 光学モードと音響モード

4.2 誘電分散　59

慣例的に，**横波音響モード**，**縦波音響モード**，**横波光学モード**，**縦波光学モード**をそれぞれ，TA, LA, TO, LO と表記する.

これまでは簡単のため1次元で考えたが，3次元でも同様の議論が成り立つ. したがって，この場合も，音響モード，光学モードがあるが，横波の場合，波の進行方向に垂直な方向には2個の自由度がある. N 個の原子がある場合，基準モードの数（自由度の数）は $3N$ であるが，音響モードは明らかに3個であるので，光学モードの数は $3N-3$ 個であり，そのうちの1/3が縦モード，残りの2/3が横モードとなる. そして，これら2種類のモードを簡単化したモデルが存在する.

音響モードを簡単化し，長波長極限の直線的な分散がブリュアン域の境界まで続くと考えるのが**デバイ**[5)]**・モデル**であり，ブリュアン域境界の最も高い周波数 ω_D ならびに，それに対応する波数 q_D をそれぞれ**デバイ周波数**，**デバイ波数**とよぶ. すなわち，

$$\omega = \omega_D \frac{q}{q_D} = v_{ph}q \qquad (4.52)$$

と表すことができる. ここで，$v_{ph} \equiv \omega_D/q_D$ は音速である.

これに対して，光学モードを簡単化し，すべての波長に対して振動数が一定値 ω_0 と考えるのが**アインシュタイン**[6)]**・モデル**で，

$$\omega = \omega_0 \qquad (4.53)$$

となる.

格子振動の量子化

電気伝導を考える際に，ここまでは電子を量子論で論じた. そこで，格子振動も量子論的に扱うことにしよう. そのために，格子振動のエネルギーを考える. 簡単のため，1次元で考える.

格子振動のエネルギーは，各格子点の運動エネルギーと弾性エネルギーの総和であるので，

$$E = \sum_{n=0}^{N-1} \left\{ \frac{1}{2M} p_n^2 + \frac{1}{2}\kappa (u_{n+1} - u_n)^2 \right\} \qquad (p_n \equiv M\dot{u}_n) \qquad (4.54)$$

---

5)　Peter Joseph William Debye, 1884.3.24 - 1966.11.2, オランダ.

6)　Albert Einstein, 1879.3.14 - 1955.4.18, ドイツ.

60   4. 素励起と分散

となる.これを (4.42) で導入した q と a を用いて基準座標 (u_q, p_q) で書き直すと,

$$q = \frac{2\pi}{a} \frac{s}{N} \quad (s \text{ は整数}) \tag{4.55}$$

として,

$$
\begin{cases}
u_q \equiv \dfrac{1}{\sqrt{N}} \sum_n u_n e^{-iqna} & \Leftrightarrow \quad u_n = \dfrac{1}{\sqrt{N}} \sum_q u_q e^{iqna} \\[3mm]
p_q \equiv \dfrac{1}{\sqrt{N}} \sum_n u_n e^{iqna} & \Leftrightarrow \quad p_n = \dfrac{1}{\sqrt{N}} \sum_q u_q e^{-iqna}
\end{cases} \tag{4.56}
$$

を用いると,

$$E = \sum_q \left(\frac{1}{2M} p_q p_{-q} + \frac{1}{2} M \omega_q^2 u_q u_{-q} \right) \tag{4.57}$$

と表すことができる.ここで,以下の交換関係を導入するのが量子化である.

$$[u_q, p_{q'}] = i\hbar \delta_{q,q'}, \qquad [u_q, u_{q'}] = 0, \qquad [p_q, p_{q'}] = 0 \tag{4.58}$$

これは,元の座標と運動量の間の交換関係に戻すと,

$$[u_n, p_{n'}] = i\hbar \delta_{n,n'}, \qquad [u_n, u_{n'}] = 0, \qquad [p_n, p_{n'}] = 0 \tag{4.59}$$

に相当する.

さらに,

$$
\begin{cases}
a_q = \left(\dfrac{\omega_q}{2\hbar M} \right)^{1/2} \left(Mu_q + i\dfrac{1}{\omega_q} p_{-q} \right) \\[3mm]
a_q^\dagger = \left(\dfrac{\omega_q}{2\hbar M} \right)^{1/2} \left(Mu_{-q} - i\dfrac{1}{\omega_q} p_q \right)
\end{cases} \tag{4.60}
$$

の線形変換を行うと,エネルギーが対角化されて,

$$E = \sum_q \hbar \omega_q \left(a_q^\dagger a_q + \frac{1}{2} \right) \tag{4.61}$$

のように表される.ただし,

$$[a_q, a_{q'}^\dagger] = \delta_{q,q'} \tag{4.62}$$

$$[a_q, a_{q'}] = 0 \tag{4.63}$$

$$[a_q^\dagger, a_{q'}^\dagger] = 0 \tag{4.64}$$

を利用している.これは,調和振動子のエネルギーの量子論的表式と同じであり,交換関係が導入されて量子化が行われたことにより,不確定性関係に

起因するゼロ点エネルギーが現れている.

格子振動を量子化した結果として現れる「粒子」のことを**フォノン**（音子）とよぶ. したがって, $a_q^\dagger, a_q$ の意味は明らかで, 波数 q のフォノンを生成する, 消滅する演算子にそれぞれ対応している.

このように, 場（波動）の量子化は, 基準モードに交換関係を導入することで, それらを調和振動子の集まりとみなし, それらの生成・消滅で物理現象を表現するというものである.

光学モードに対しても, 同様の議論が適用できるが, 音響モードの場合に比べて修正される点は, 質量が換算質量 $\mu^{-1} = m^{-1} + M^{-1}$ となる点である.

フォノンは熱的に励起されることが可能なので, 励起されたフォノン, 特に低エネルギーのフォノンと電子との相互作用が電気抵抗の原因となることは, すでに述べた通りである.

フォノンによる電気伝導度（ローレンツ振動子）

フォノンは直流抵抗の原因になるだけでなく, 光学フォノンは, それ自体交流の電気伝導に寄与する. 光学モードは, 双極子モーメント $\boldsymbol{p} = Ne\boldsymbol{r}$ を誘発する. したがって, ローレンツ型の電気伝導度への寄与をする. 4.2.1項の議論からの変更点は, 分極に関与する電荷を q, 運動方程式に現れる質量を, 2種類のイオンの質量 M_1, M_2 の相対運動を表す換算質量 μ で置き換えることである. したがって, 誘電率は,

$$\varepsilon = 1 + \left(\frac{Nq^2}{\varepsilon_0 \mu}\right) \sum_j \frac{f_j}{(\omega_{qj}^2 - \omega^2) - i\omega/\tau} \tag{4.65}$$

と表すことができる.

このように, 光学伝導度で観測できるのは光学フォノンの横波光学モードのみであり, 縦波光学モードについては, 4.2.4項で述べる手法を用いるか, もしくは, 後述のプラズモンの観測と同様の手法が必要である.

4.2.4 ポラリトン

光学モードの波数 $\boldsymbol{k}$ が光（電磁波）の波数と同程度の小さな値をとる場合, 電磁場と光学モードが強く結合した混成波を形成する. これを**ポラリトン**とよぶ（演習問題［3］）[4],[5].

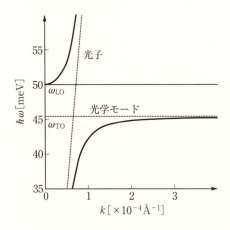

図 4.9 ポラリトンの分散関係（実線）．破線は，結合がないときの，光子，光学モード，それぞれの分散関係．

導出される分散関係は図 4.9 のようになり，ある周波数の間では解がないことがわかる．この低周波数は ω_{TO} に等しく，高周波数は ω_{LO} に等しいことがわかっている．この 2 つの周波数の間では物質中に電磁波が入ることができず，反射率が大きくなる．したがって，周波数の関数として反射率を測定すれば，ω_{LO} についての情報を得ることが可能である．

この，反射率の高い周波数領域は，**レストシュトラーレン**（Reststrahlen：残留放射）**バンド**とよばれている．レストシュトラーレンバンドは，周波数選択フィルターとして応用されたりする．

4.3 素励起

4.3.1 素励起

4.2.3 項で議論したフォノンは，結晶を構成する原子の基準振動，すなわち集団励起であり，量子論的には，個々の基準モードが調和振動子的な量子論的粒子としてとらえることができるのであった．このように，物質が摂動（外力や外場，温度勾配等）によって基底状態と異なる状態（励起状態）におかれるとき，その様子を，古典的には基準振動の重ね合わせで表し，量子論的粒子の集団として表すとき，この量子論的粒子を**素励起**とよぶ．フォノンは，

物質中の最も基本的な素励起である.

また,すぐ前で論じたポラリトンも,フォノンとフォトンの混成励起であり,素励起の1つである.

物質中には,この他にも様々な素励起があり,例えば,価電子帯から励起された電子が価電子帯のホールとペアをつくる**エキシトン**(励起子),電子と格子ひずみの場の混成である**ポーラロン**,磁性体のスピンの配列が波動状に変化する**マグノン**(スピン波)などがある.

4.3.2 プラズモン

本題からはやや外れるが,この節の最後に,もう1つの集団運動,すなわち,電子の密度ゆらぎの振動の素励起である**プラズモン**について少しだけ記そう.というのは,自由電子の交流応答で登場する**プラズマ振動**(演習問題[1])とプラズモンがしばしば混同されるからである.

プラズマ振動を論じるときは,横波である電磁波が結晶に垂直に入射し,波の進行方向と垂直な方向での電子の運動を論じる.すなわち,横プラズマ振動を論じている.これに対して,電子の密度ゆらぎであるプラズモンは縦プラズマ振動であり,このような配置では励起することができない.

プラズモンを励起するには,例えば,電子ビーム等を結晶に当てる.これによって,プラズモンの励起を含む様々なイベントが結晶中で発生し,エネルギー損失が生じる.エネルギー損失は $-1/\epsilon(\omega)$ に比例するので,これを測定することで誘電関数 $\epsilon(\omega)$ が求まり,通常の配置の光学測定との突き合せが可能になる.逆に,通常の配置の光学測定が何らかの理由で困難な場合,この方法(**電子エネルギー損失分光**(Electron Energy Loss Spectroscopy:EELS))は有効な手法である.

金属の光反射に現れるプラズマ周波数とプラズモンの振動数との関係は,光反射にみられるプラズマ・エッジ(演習問題[1])は横プラズマ振動の長波長極限での値であり,これが縦プラズマ振動の長波長極限の値と同じになる,というものである.

64   4. 素励起と分散

4.4   線形応答とクラマース‐クローニッヒの関係

4.4.1   クラマース‐クローニッヒの関係

物質の電気的性質は複素伝導度（あるいは複素誘電率）で表すことができることをみてきたが，複素誘電率の実部と虚部は，実は独立ではなく，互いに一定の関係式で関連づけられている．これを**クラマース**[7]**‐クローニッヒ**[8]**の関係**とよぶ．

第1章の最初に述べたように，複素誘電率（伝導度）は，電場すなわち電気的な力が加わり，分極（電流），すなわち変位（流れ）が生じる様子を，力に比例する部分だけを取り出して表したものである．力が小さいときは，これはもっともな近似であり，**線形応答**という．これをさらに一般化して，力と変位（または流れ）を考えよう．

変位 $\boldsymbol{x}(t)$（成分 $x_\mu(t)$（$\mu = 1, 2, 3$））は線形近似の範囲で，力 $\boldsymbol{F}(t)$ の関数として

$$\Delta\boldsymbol{x}(t) \equiv \boldsymbol{x}(t) - \boldsymbol{x}^{\mathrm{eq}} = \chi\,\boldsymbol{F}(t) \tag{4.66}$$

$$x_\mu(t) - x_\mu^{\mathrm{eq}} = \sum_\nu \chi_{\mu\nu} F_\nu(t) \tag{4.67}$$

と表せる．ただし，$\boldsymbol{x}^{\mathrm{eq}}$ は平衡状態の変位である．この χ を，**応答関数**または**アドミッタンス**とよぶ．しかし，これは力の変化がゆっくりしていて，変位（または流れ）がそれについていける（あるいは時間の観測精度がその程度に粗い）場合にのみ成立し，もしそうでなくなると，変位（または流れ）に遅れが生じてくることになり，

$$\Delta\boldsymbol{x}(t) = \chi^\infty\boldsymbol{F}(t) + \int_{-\infty}^{t} dt'\,\Phi(t - t')\,\boldsymbol{F}(t') \tag{4.68}$$

のように，**畳込み積分**として表されることになる．第1項目の $\chi^\infty\boldsymbol{F}(t)$ は，誘電応答では $\varepsilon_0\boldsymbol{E}(t)$ に相当する．積分の下限が $-\infty$ になっているのは因果律（力が加わって，はじめて応答が現れる）のためである．

物質のように自由度の非常に大きな系では，過去の力の効果は時間の経過とともに消失すると考えてよいので，

---

7)   Hendrik Anthony Kramers, 1894.2.2‐1952.4.24, オランダ．
8)   Ralph Kronig, 1904.3.10‐1995.11.16, ドイツ・アメリカ．

4.4 線形応答とクラマース‐クローニッヒの関係 65

$$\lim_{t \to \infty} \varPhi(t - t') = 0 \qquad (4.69)$$

となり，ここで両辺のフーリエ変換を行うと，

$$\varDelta \boldsymbol{x}(\omega) = \chi(\omega) \boldsymbol{F}(\omega) \qquad (4.70)$$

$$\chi(\omega) = \chi^{\infty} + \int_0^{\infty} ds\, \varPhi(s)\, e^{-i\omega s} \qquad (4.71)$$

が得られる．この導出に当たっては，$s \equiv t - t'$ とおき，t と t' による積分を t と s による積分に変換した（演習問題 [3]）．

時間領域の（4.68）が畳込み積分であったのに対して，周波数領域ではフーリエ成分の積という非常に簡単な形で表すことができることも，フーリエ変換のメリットである．因果律は，（4.71）の中の積分の下限がゼロであるということに姿を変えている．

応答関数が存在するということは，（4.71）の積分が全周波数範囲に対して収束するということに他ならず，この場合，実時間の積分を複素平面上に拡張した関数

$$\varXi \equiv \int_0^{\infty} ds\, e^{-izs}\, \varPhi(s) \qquad (4.72)$$

が，下半平面（$\mathrm{Im}\, z < 0$）で解析的であり，かつ，$\lim_{|z| \to \infty} \varXi = 0$ であるので，

$$\varDelta \boldsymbol{x}(\omega) = \chi(\omega) \boldsymbol{F}(\omega) \qquad (4.73)$$

$$\chi(\omega) \equiv \lim_{\epsilon \to +0} \varXi(\omega + i\epsilon) = \lim_{\epsilon \to +0} \int_0^{\infty} ds\, e^{-i\omega s - \epsilon s}\, \varPhi(s) \qquad (4.74)$$

と表すことができる．ここで，複素関数論のコーシー[9]の定理を実軸を含む半円型の積分路に適用し，円周上の寄与は円の半径を無限大（∞）にすることで消えることから

$$\oint \frac{d\omega}{2\pi i} \frac{\chi(\omega) - \chi^{\infty}}{\omega - z} = \begin{cases} \varXi(z) & (\mathrm{Im}\, z < 0) \\ 0 & (\mathrm{Im}\, z > 0) \end{cases} \qquad (4.75)$$

の関係が成り立つことがわかり，これから逆に，

$$\varXi(z) = \int_{-\infty}^{\infty} \frac{d\omega}{2\pi i} \{\chi(\omega) - \chi^{\infty}\} \left(\frac{1}{\omega - z} \pm \frac{1}{\omega - z^*} \right) \qquad (4.76)$$

が成立し，右辺のそれぞれの符号をとることで，

---

9) Augustin Louis Cauchy, 1789.8.21 - 1857.5.23, フランス.

66   4. 素励起と分散

$$\varXi(z) = \int_{-\infty}^{\infty} \frac{d\omega}{\pi i} \left\{\chi(\omega) - \chi^{\infty}\right\} \mathrm{Re}\left(\frac{1}{\omega - z}\right) \tag{4.77}$$

$$\varXi(z) = \int_{-\infty}^{\infty} \frac{d\omega}{\pi} \left\{\chi(\omega) - \chi^{\infty}\right\} \mathrm{Im}\left(\frac{1}{\omega - z}\right) \tag{4.78}$$

となる. $\mathrm{Re}\,(4.77) + i\,\mathrm{Im}\,(4.78)$, $i\,\mathrm{Im}\,(4.77) + \mathrm{Re}\,(4.78)$ は,いずれもが $\varXi$ を与え,具体的に書くと(ただし,積分変数 ω を ω' と書き直し,また,$z \equiv \omega + i\varepsilon$ とおいて,$\varepsilon \to 0$ の極限をとる),

$$\chi'(\omega) - \chi^{\infty} = \int_{-\infty}^{\infty} \frac{d\omega'}{\pi} \frac{\mathcal{P}}{\omega' - \omega} \chi''(\omega') \tag{4.79}$$

$$\chi''(\omega) = -\int_{-\infty}^{\infty} \frac{d\omega'}{\pi} \frac{\mathcal{P}}{\omega' - \omega} \left\{\chi'(\omega') - \chi^{\infty}\right\} \tag{4.80}$$

が得られる. ここで,$\mathcal{P}$ はコーシー主値を表す.

(4.79),(4.80) は,応答関数の実部,虚部のある周波数での値が,それぞれ虚部,実部の周波数積分で与えられ,互いに独立ではないことを表している. これを**クラマース‐クローニッヒの関係**とよぶ. また,この関係式も**分散関係**とよぶこともある.

上記の導出を振り返ると,この関係が得られた理由は,因果律にあることがわかる. したがって,この議論は,物質の応答関数に限った話ではなく,回路網などの線形応答を示す系であれば常に成り立つことに注意したい.

これらの関係式を,さらに少し変形しよう. 我々の興味の対象となる物質では,力が実関数のとき,変位も実関数であるので,$*$ を複素共役とすると

$$\chi(-\omega) = \chi^{*}(\omega) \tag{4.81}$$

すなわち,

$$\chi'(-\omega) = \chi'(\omega) \tag{4.82}$$

$$\chi''(-\omega) = -\chi''(\omega) \tag{4.83}$$

となり,これらの関係を利用すると,(4.79),(4.80) は,

$$\chi'(\omega) - \chi^{\infty} = \int_{0}^{\infty} d\omega' \frac{2}{\pi} \frac{\mathcal{P}}{\omega'^2 - \omega^2} \omega' \chi''(\omega') \tag{4.84}$$

$$\chi''(\omega) = -\int_{0}^{\infty} d\omega' \frac{2}{\pi} \frac{\mathcal{P}}{\omega'^2 - \omega^2} \omega \left\{\chi'(\omega') - \chi^{\infty}\right\} \tag{4.85}$$

のように書き換えられる.

4.4.2 総　和　則

(4.79) を誘電率に対して書き下すと，$\varepsilon_1(\infty) = 1$ であることを考慮して，積分を 2 つの周波数領域に分けて，

$$\varepsilon'(\omega) - 1 = \int_0^{\omega_c} d\omega' \frac{2}{\pi} \frac{\mathcal{P}}{\omega'^2 - \omega^2} \omega' \varepsilon''(\omega') + \int_{\omega_c}^{\infty} d\omega' \frac{2}{\pi} \frac{\mathcal{P}}{\omega'^2 - \omega^2} \omega' \varepsilon''(\omega')$$

(4.86)

と表すことができる．ここで，ω_c は，それ以上では吸収がない（$\varepsilon'' = 0$）という**カットオフの周波数**である．したがって，第 2 項はゼロとおくことができる．

いま，ω_c よりも十分に大きな周波数での誘電率を考えると，第 1 項の分母の ω' を無視できる．したがって，

$$\varepsilon_1 = 1 - \frac{2}{\pi \omega^2} \int_0^{\omega_c} \omega' \varepsilon_2(\omega') \, d\omega' \qquad (\omega \ll \omega_c)$$

(4.87)

となる．いま考えている十分に高周波では，すべての電子は自由電子として考えることができるので，ドゥルーデ・モデルの結果 (4.10) および (4.18) を利用できて，

$$\varepsilon_1 = 1 - \frac{\omega_p^2}{\omega^2}$$

(4.88)

となり，(4.87) と (4.88) を比較して，

$$\int_0^{\infty} \omega \varepsilon_2 \, d\omega = \frac{\pi}{2} \omega_p^2$$

(4.89)

を得る．これは，4.2.1 項で述べた，振動子強度の総和則に他ならない．

4.4.3 応答関数とエネルギー散逸

本章の締めくくりとして，最初に提起した，応答に位相遅れが生じる物理的理由について述べよう．力が加わったときの変位の例として，フォノンによる誘電率 (4.25) をみてみると，この式で位相のずれの原因になっている虚数部は $1/\tau$ に比例し，τ が短いほど，虚数部が大きくなる．したがって，エネルギーの散逸が位相遅れの原因になっていると推察することができる．以下では，このことをより一般的に示そう．

交流の力は周期的であるので，熱力学第 1 法則を交流の 1 周期について適

68   4. 素励起と分散

用し，1 周期に外部からされる仕事，外部からもらう熱量をそれぞれ，W, Q
とすると，

$$W + Q = 0 \tag{4.90}$$

となる．このような場合，熱力学第 2 法則から，必ず $Q < 0$ でなければな
らないので[10]，逆に，$W > 0$ でなければならない．

1 周期での仕事 W は外力と変位を用いて，具体的に

$$W = \oint \boldsymbol{X}(t) \, d\Delta\boldsymbol{x}(t) \tag{4.91}$$

と表すことができる．そこで，

$$\tilde{\boldsymbol{X}}(t) = \boldsymbol{X}_0 e^{-i\omega t} \tag{4.92}$$

$$\Delta\tilde{\boldsymbol{x}}(t) = \chi(\omega) \, \boldsymbol{X}_0 e^{-i\omega t} \tag{4.93}$$

$$\boldsymbol{X}(t) = \mathrm{Re}\, \tilde{\boldsymbol{X}}(t) \tag{4.94}$$

$$\Delta\boldsymbol{x}(t) = \mathrm{Re}\, \Delta\tilde{\boldsymbol{x}}(t) \tag{4.95}$$

として，（4.91）に代入すると，

$$\begin{aligned}
W &= \int_0^{2\pi/\omega} \boldsymbol{X} \, d\Delta\boldsymbol{x} \\
&= \int_0^{2\pi/\omega} \boldsymbol{X} \, \Delta\dot{\boldsymbol{x}} \, dt \\
&= \frac{1}{4} \int_0^{2\pi/\omega} (\tilde{\boldsymbol{X}} + \tilde{\boldsymbol{X}}^*)(\Delta\dot{\tilde{\boldsymbol{x}}} + \Delta\dot{\tilde{\boldsymbol{x}}}^*) \, dt \\
&= \frac{1}{4} \int_0^{2\pi/\omega} (\tilde{\boldsymbol{X}} + \tilde{\boldsymbol{X}}^*)(-i\omega)\{\chi(\omega)\tilde{\boldsymbol{X}} - \chi^*(\omega)\tilde{\boldsymbol{X}}^*\} \, dt \\
&= \frac{1}{4} \int_0^{2\pi/\omega} (-i\omega) \, dt \, |\boldsymbol{X}_0|^2 (\chi - \chi^*) \\
&= -\frac{i\omega}{4} \frac{2\pi}{\omega} |\boldsymbol{X}_0|^2 2i \, \chi''(\omega) \\
&= \pi |\boldsymbol{X}_0|^2 \chi''(\omega) > 0
\end{aligned} \tag{4.96}$$

となる．ただし，4 行目から 5 行目の変形では，時間依存性が残るものは周

---

10) 正確には，$0 = \oint dS > \oint \dfrac{dQ}{T}$ であるが，線形不可逆過程では外力が十分小さいの
で，$T \simeq T_{\mathrm{eq}}$ と考えてよく，結局，$\oint dQ < 0$ と考えられる．

期積分するとゼロになることを利用した.

これでわかるように，位相遅れに直結している応答関数の虚数部が，エネルギーの散逸に関係しているのである.

演 習 問 題

[1] 自由電子の複素伝導度 (4.6) をもとに，金属の光学応答を考える.

(1) 金属の表面に垂直に角振動数 ω の電磁波が入射すると，交流電場によって，電子は双極子モーメント $p = -ex$ を発生する．このことと，(4.6) から，誘電率の表式を求めよ.

(2) ε_1 が符号を変える周波数を求めよ.

(3) 結果に現れる特徴的な周波数

$$\omega_p^2 \equiv \frac{ne^2}{\varepsilon_0 m} \qquad (4.97)$$

を**プラズマ周波数**とよぶ．典型的な金属に対して ω_p を評価せよ.

(4) 物質に電磁波が垂直に入射したときの反射率 R は

$$R = \frac{|\sqrt{\tilde{\varepsilon}} - 1|}{|\sqrt{\tilde{\varepsilon}} + 1|} \qquad (4.98)$$

で与えられる．ドゥルーデ・モデルで表される金属の反射率が周波数の関数としてどのようになるか，特に，ω_p での前後の振る舞いについて論ぜよ.

(5) 以上のことより，本問は，どのような現象を説明していることになるか？

[2] バンド間遷移でみられるファン・ホーベの特異性について，図 4.5 の中の関係式を示せ.

[3] 電磁波はマクスウェル方程式に従うことを利用して，分極 P，電場 E についての連立方程式を導くことにより，ポラリトンの分散関係を求めよ．ただし，フォノンについては減衰項を考えなくてよい.

[4] (4.71) を示せ.

70

第 5 章

乱れと電気伝導

　これまでは，物質を周期ポテンシャルが無限に続くものとしてとらえてきたが，実際の物質には，必ず，周期性を破る種々の欠陥や不純物が存在する．第5章では，これらの，周期性の乱れが物質の電気伝導に及ぼす影響について述べる．電気伝導に対する乱れの効果は我々の生活を豊かにする一方で，劇的な質的変化をもたらす場合もある．

5.1　半導体の不純物ドープ

5.1.1　半導体デバイス

　現在，我々の身の回りのいたるところに半導体デバイスがあり，我々の生活から半導体デバイスを取ったら，社会が成り立たないといっても過言ではない．いい換えれば，今日のハイテク社会を根底から支えているのが半導体デバイスである．

　どうして，半導体デバイスがこれほどまでにハイテク社会の基礎となり，世の中を席捲するに至ったのであろうか？　その原因は，なんといっても，バーディーン[1]，ブラッテン[2]，ショックレー[3] によるトランジスタの発明と，キルビー[4] とノイス[5] による集積回路の発明であるが，さらにその前提

---

1)　John Bardeen, 1908.5.23 - 1991.1.30, アメリカ.
2)　Walter Houser Brattain, 1902.2.10 - 1987.10.13, アメリカ.
3)　William Bradford Shockley Jr., 1910.2.13 - 1989.8.12, アメリカ.
4)　Jack St. Clair Kilby, 1923.11.8 - 2005.6.20, アメリカ.
5)　Robert Norton Noyce, 1927.12.12 - 1990.6.3, アメリカ.

となったのが，半導体の物性が，不純物を入れることで（**不純物ドープ**），幅広く制御することが可能であり，かつ，その動作が，バンド理論でほぼ完璧に理解できたからに他ならない．

本節では，その半導体の不純物ドープについて，まず解説する．

5.1.2 不純物ドープ

最も広く使われている第14族（旧IV族）の半導体Siについてみてみよう．Siでは超高純度（99.999999999 %：9が11個も続くので，「イレブン・ナイン」という）の単結晶が製品レベルで作製可能であり，このような超高純度単結晶に，ごくわずかな不純物を混入（ドープ）させると，その電気抵抗率が大きく変化する．Siでは，1個の原子当たり4個の最外殻電子を，それぞれ4個の隣接原子と1個共有することで，安定な結晶をつくっている（共有結合）．より詳しくみると，1個はs電子，3個はp電子だが，それぞれのエネルギー準位が接近しており，結果的に，これらが混成してsp^{3}混成軌道をつくっている．

これに，図5.1(a)のように，P, As, Sbなど，最外殻に5個の電子をもつ物質を不純物として加えると，電子が1個余り，その電子が不純物原子を離れ，結晶中を自由に動き回ることができるようになる．こうして，混ぜた不

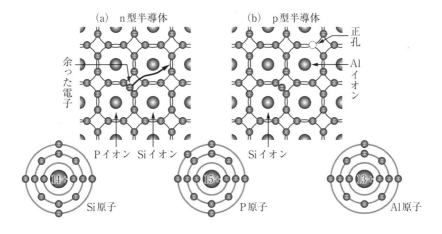

図5.1 n型半導体とp型半導体　（「物理II」（平成19年度版，東京書籍）による）

72   5. 乱れと電気伝導

純物原子の数だけ，結晶中を動き回れる電子の数を増やすことができる．

一方，図 5.1(b) に示すように，Al, B, Ga など，最外殻に 3 個の電子を
もつ（3 価）物質を不純物としてドープすると，電子が 1 個足りなくなり，
不純物原子は周りの Si 原子から電子を 1 個奪いとろうとする．その結果，
結晶中に電子が 1 個不足した部分ができ，この部分が結晶中を動き回るよう
になる．すなわち，正孔が伝導に寄与することになる．

このように，半導体では，混入した不純物の数だけ動き回れる電子や正孔
（両者をまとめて**キャリヤー**とよぶ）の数を増やすことができる．これが，
不純物ドープによって半導体の電気伝導度が大きく変化する理由である．

図 5.1(a) のように，主として電子が電流を導く半導体を **n 型半導体**，図
5.1(b) のように主として正孔が電流を導く半導体を **p 型半導体**という．
n 型，p 型の 2 種類があること，キャリヤーの数を変えられるという性質は
応用上大変重要であり，現在，エレクトロニクスの様々な素子として広く用
いられている．

Si や Ge のような単元素ではなく，GaAs のように，13 族と 15 族の元素
からなる化合物半導体でも，中心となる物質の電子軌道は Si 同様，sp^3 混
成軌道であり，価電子の数は 4 個であるので，同様のドーピングの概念が成
り立つ．

同じことを，エネルギーバンドの考え方で表現するとどのようになるだろ
うか？　ここでは例として，n 型になる不純物（P など）について考えてみ
よう．P は，最外殻に電子を 5 個もった状態で電気的に中性になっているの
で，Si 中で余った電子が P 原子を離れた状態では，P 原子は電子が 1 個不
足し，正に帯電している．この正に帯電した P 原子と，余った電子の関係
は，水素原子のようにみなすことができる．ただし，水素原子と異なるの
は，物質の誘電率が大きいこと，質量が自由電子の質量ではなく，有効質量
になっていることにより，その半径は非常に大きくなっており，また，束縛
エネルギーも小さくなっていることである（演習問題 [1]）．

したがって，不純物によって導入された余分の電子は，自由に動き回れる
状態よりも E_D だけ低いエネルギー準位をもつ（図 5.2(a)）．すなわち，こ
の準位に余った電子があるときは，帯電した P 原子の周りに余った電子が

5.1 半導体の不純物ドープ　73

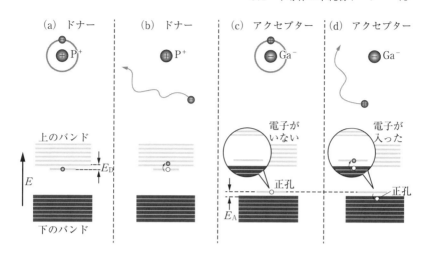

図 5.2 不純物をドープした半導体のバンド描像
(「物理 II」(平成 19 年度版, 東京書籍) による)

束縛されて「水素原子」のようになっている状況である.

これに対して, 他からエネルギーをもらい, 余った電子がこの準位から出て, 上のバンドに移ったときは, この電子がほぼ自由に動けるようになった状況を表す (図 5.2(b)). すぐ上で述べた理由により, E_D の値はかなり小さくなっているので, 容易に熱励起が可能である. したがって, 実質的に, 入れた不純物の量だけキャリヤーを供給することができる. このように, 伝導帯に電子を供給するタイプの不純物を**ドナー**という.

p 型になる不純物 (Ga など) に対しても, 同様の考え方ができる. Ga は, 最外殻に電子を 3 個もった状態で電気的に中性になっているので, Si 中で周りから電子を 1 個取り込み, 周囲に正孔をつくった状態では電子を 1 個余分に束縛し, 負に帯電している. この負に帯電した Ga 原子と正孔の関係は, 電荷の正負が入れ換わった, (やはり非常に半径の大きな) 水素原子のようにみなすことができる. すると, 今度は逆に, 不純物によって導入された正孔は, 自由に動き回れる状態よりも, E_A だけ高いエネルギー準位をもつことになる (図 5.2(c)). すなわち, この準位に正孔があるとき (= 電子がないとき) は, 負に帯電した Ga 原子の周りに正孔が束縛されている

74   5. 乱れと電気伝導

状況である.
　一方，他からエネルギーをもらい，下のバンドから電子が不純物準位に入る（＝電子の不足した状態が不純物準位から下のバンドに移る＝正孔が不純物準位から下のバンドに移る）とき，正孔がほぼ自由に動けるようになった状況を表す（図5.2(d)）．このように，価電子帯から電子を受け取るタイプの不純物を**アクセプター**とよぶ．
　以上のように，アクセプターと正孔に対しても，ドナーと電子に類似の考え方ができる．
　これらの状況では，電気抵抗は，ドナー準位から伝導帯の底への電子の熱

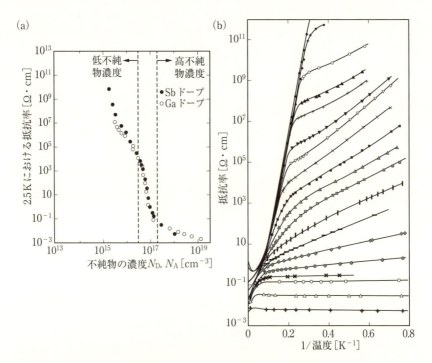

図 5.3　Sb および Ga をドープした Ge の電気抵抗率の温度依存性
（a）2.5 K における抵抗率を不純物濃度の関数として描いたもの．破線の不純物濃度のところで，抵抗率が大きく変化している．
（b）様々な不純物濃度をもつ試料の抵抗率のアレニウス・プロット．
(H. Frittzsche : J. Phys. Chem. Solids **6** (1958) 69 による)

励起,あるいは,アクセプター準位から価電子帯のトップへの正孔の熱励起を主とする熱活性化型の温度依存性を示す.

実際のデータをみてみよう.図5.3は様々な不純物濃度の Sb および Ga をドープした Ge の電気抵抗率である[1].図5.3(a)に示すように,不純物の量によって低温での電気抵抗率は大きく変化しているのがわかる.不純物濃度としては2000倍くらいしか変わっていないのに,電気抵抗は13桁も変化している.このことをみても,半導体の性質が不純物によって幅広く制御できることがわかる.図5.3(b)は,抵抗率の温度依存性のアレニウス[6]・プロット(抵抗率の対数を温度の逆数に対してプロットしたもの)である.これでわかるように,極低温を除けば,データの大部分は熱活性化型の振る舞いをみせており,これが,すぐ上で述べた不純物準位からのキャリヤの熱励起過程に対応している[7].

興味深いのは,不純物の量を増やしたときの振る舞いである.不純物の量を増やしていくと,やがて,電気抵抗はあまり温度変化を示さなくなり,むしろ,温度の低下とともにわずかながら電気抵抗が減少する金属的な振る舞いを示すようになる.これは,不純物原子の間隔が狭まることにより,不純物に弱く束縛された電子あるいは正孔の波動関数同士に重なりが生じ,「不純物バンド」が生じるからであると理解されている(図5.4(a)).

すぐ前で述べたように,不純物濃度の関数として2.5Kにおける電気抵

(a) 不純物バンドの形成　　(b) ホッピング伝導

図5.4

---

6) Svante August Arrhenius, 1859.2.19 - 1927.10.2, スウェーデン.
7) この熱励起過程が十分に起こりえないような低温になると,これとは別の,より小さな熱励起エネルギーをもつ伝導が観測されるのがみてとれる.これは,それまでの波数空間描像(バンド描像)と対照的に,不純物原子に束縛された電子あるいは正孔が隣の不純物原子に飛び移る**ホッピング伝導**とよばれる過程によるものと考えられている(図5.4(b)).

76   5. 乱れと電気伝導

抗率をプロットすると，不純物濃度が $10^{17}\,\mathrm{cm^{-3}}$ のあたりで，電気抵抗が急激に変化していることがわかり，ちょうどその濃度を境に，電気抵抗の温度依存性も，半導体的なものから金属的なものへと変化している．すなわち，不純物濃度によって，金属 – 絶縁体転移が起こっていると考えることができる．

モット[8] は，この問題をクーロン力の遮蔽効果も考慮して定式化した．そして，不純物イオンの平均間隔を r としたとき，$r \simeq 2.2\,a$（a はドナー電子（あるいはアクセプターの正孔）の軌道半径）のときに，金属 – 絶縁体（半導体）の転移が協力的かつ急激に起こることを示したので，この転移は**モット転移**とよばれている[(2)]．

5.2 アンダーソン局在

前節でみたように，不純物の量を増やしていくと，半導体から金属への転移が起こる．一方で，不純物は格子の周期性を乱すものであり，それが増えるということは，乱れを増やすことになる．バンド描像では結晶の周期性というのが大前提になっていた．そうだとすると，不純物等が引き起こす乱れ（ランダムネス）が，バンド描像による電気伝導の理解に本質的な変更をもたらすことはないのだろうか？

半導体物理の研究の発展やデバイス開発の華々しい歴史をみると，乱れが増えても，電子が受ける衝突（散乱）から衝突までの距離，すなわち平均自由行程 l が短くなるだけで，それ以上の特別なことは起こらないだろう，そんな風に思われるかもしれない．ところが，半世紀以上も前（1958 年）に，答えは否との見解がアンダーソン[9] によって示されていた．

すなわち，乱れの大きさがある臨界値を超えると，電気伝導は完全に消失してしまうというのである[(3)]．より正確には，電子が不純物に何度も散乱されながら量子力学的に移動していくこと（量子拡散）が起こらなくなると

---

8) Sir Nevill Francis Mott, 1905.9.30 – 1996.8.8, イギリス．

9) Philip Warren Anderson, 1923.12.13 –, アメリカ．

いう結論であり，これが**アンダーソン局在**とよばれる現象である．

どのような状況で局在するかの詳細は，系の次元性等に強く依存する．実際，有限の臨界値があるのは3次元のみで，2次元，1次元においては，少しでも乱れがあると，必ず局在が起こってしまう．

第8章でみるように，いまでは，電子の動きが平面内，あるいは1次元方向に限られている物質で，かつ，金属伝導を示すものがいくらでも知られている．その中には，普通に不純物が含まれている．アンダーソン局在の観点から，これはどのように考えたらよいのだろうか？

ここでは，2つの長さのスケールの関係が重要になる．1つは，局在状態の波動関数の広がり，すなわち，局在長 ξ であり，もう1つは，系（試料）のサイズ L である．理論上は，少しでも不純物があると必ず局在してしまうという2次元で金属的な振る舞いがみられているということは，その金属状態は，$\xi > L$ であるが故のサイズ効果であると考えるべきである．実際，これらの金属状態においても，局在の前兆としての，電気抵抗率の低温での増加や，負の磁気抵抗効果（磁場をかけることで局在を弱める）等の現象が観測され，**弱局在**とよばれている．

その後の微視的理論の研究に基づき，アンダーソン局在を物理的に理解すると，以下のように表現することができる．不純物による散乱が増えると，前向きに進む電子波と，不純物で散乱されて後ろ向きに進む波（互いに時間反転対称なプロセス）の干渉が頻繁に起こるようになり，その結果，定在波をつくってしまうという効果（図5.5）により，電子の波動関数が局在型（$e^{-\lambda r}$）の空間依存性をもつようになったり，局在に向けての前兆現象ともいえる補正項を生じたりするということがわかった．

この描像によると，電気抵抗の低温での増加は，次のように理解される．有限温度では，試料サイズ L の代わりに，

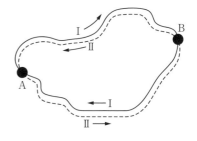

図 5.5 乱れた媒質中で電子波の伝播に影響を及ぼす干渉効果．もし2つの波がAからBに同じ経路を通り，1つはIの経路，もう1つはIIの経路を進むとすると，それぞれは，Aに戻ってきたときに強め合う干渉を起こす．

位相緩和長 L_ε が実質的な試料サイズになると考える．ここで L_ε は，電子が，非弾性散乱を受けずに，不純物による弾性散乱のみを受けながらが量子拡散できる距離，すなわち，電子が波動関数の位相情報を記憶し続けられる距離の最大値である．この量が温度依存性をもつことで，電気抵抗に，温度に依存する前兆現象が観測されるのである．また，負の磁気抵抗効果は，磁場が時間反転対称性を破るため，電子波の干渉が抑制されることにより生じるものである．

第3章で電子のダイナミクスを半古典的に扱ったときは，出発点の電子状態は量子論で考えたが，そのダイナミクスに電子の波動性が顔を出すことはなかった．一方，アンダーソン局在は，物質中の電子の波動性・干渉性が本質的な役割を果たし，マクロな物性に影響を与える現象であり，極めて普遍的な現象であると認識されるようになった．

5.3 近藤効果

前節で，不純物が電気伝導に大きな影響を及ぼす効果として，アンダーソン局在を紹介したが，本節では，不純物散乱が，別の意味で電子系に大きな影響を及ぼす現象として，**近藤効果**を紹介する．

近藤効果の舞台は，磁性不純物を希薄にドープした金属である．その電気抵抗が，高温から金属的な減少を示したのち，さらに低温では増加に転じ，その温度依存性は，典型的に $-\log T$ で表される（図5.6）．磁性不純物を希薄にドープした金属の物性の多くが，磁性不純物原子のd電子のスピンと，伝導電子

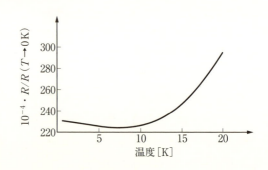

図5.6 磁性不純物を希薄にドープした金の抵抗率の温度依存性
(W. J. de Haas, *et al.*: Physics 3 (1936) 440 による)

(s電子)のスピンの相互作用を定式化した，いわゆるs-dハミルトニアンによって次々と理解されていく中，電気抵抗のこの振る舞いだけは大きな謎として残された．

1964年，近藤[10]は，磁性不純物により電子のスピンが反転する，スピンフリップ散乱の過程を取り入れて電気抵抗を摂動論で計算してみたところ，$\log T$の振る舞いを説明することに成功した[5]．これをきっかけに，世界中で爆発的に研究が進み，結局のとこ

図5.7 近藤コヒーレント状態のイメージ

ろ，ある温度以下では，不純物の周りに電子の集団的な雲が形成され（図5.7），それ以下では電気抵抗は温度依存性を示さなくなることがわかった．この温度が，**近藤温度**

$$T_{\mathrm{K}} = W \exp\left(-\frac{1}{NJ}\right) \quad (5.1)$$

である．ただし，W, N, Jは，バンド幅，フェルミ面での状態密度，磁性不純物の電子スピンと伝導電子のスピン間の交換相互作用の大きさである．この式で，$\lambda \equiv NJ$が無次元化された相互作用を表している．

この表式は，超伝導の臨界温度を与える式（後出）と酷似している．注目すべきは，この式が相互作用に関して摂動展開可能な形になっていないということである．したがって，不純物による電子の散乱という現象が，電子1個に対する出来事ではなく，電子系全体に影響を与えてしまう多体論的側面をもっているということに他ならず，T_{K}以下で形成される状態を**近藤コヒーレント状態**とよぶ．

重い電子系とよばれる，電子の有効質量が自由電子の数百倍にもなる一連の物質群では，磁性元素が不純物としてではなく，結晶格子の正規のサイトに配置されており，**高濃度近藤系**ともいわれている．これらの物質群では，

---

10) 近藤 淳，1930.2.6-，日本．

80   5. 乱れと電気伝導

近藤効果があらゆる物性において重要な役割を果たしている[11].

演 習 問 題

[1] Si および Ge では，誘電率がそれぞれ，11.7, 15.8，また，伝導体の底の有効質量がそれぞれ，$0.2\,m$, $0.1\,m$（m は自由電子の質量）である．このとき，ドナー準位のイオン化エネルギーを，水素原子類似近似（ドナー電子が水素原子のように，正に余剰に帯電したイオンに束縛されていると考える近似）の立場で評価せよ．それは，温度で表現すると何度になるか？

[2] 局在についての理解の手掛かりを得るために，2 原子分子を考えよう．それぞれの原子の軌道状態を $\phi_1(\boldsymbol{r}), \phi_2(\boldsymbol{r})$，エネルギーを E_1, E_2 とする．分子の固有状態の波動関数を

$$\phi(\boldsymbol{r}) = A\,\phi_1(\boldsymbol{r}) + B\,\phi_2(\boldsymbol{r}) \tag{5.2}$$

とおき，トランスファー積分（ホッピング積分）を

$$t \equiv \langle \phi_1 | H | \phi_2 \rangle \tag{5.3}$$

としたとき，エネルギー固有値，固有関数を求め，t と $\Delta E \equiv E_1 - E_2\,(> 0)$ の大小関係によって結果がどのように変化するかを論ぜよ．

---

11) 上記の近藤効果の紹介においては磁性を担うのは d 電子であったが，重い電子系の多くでは磁性を担うのは f 電子である．

第 6 章

電子相関と電気伝導

　世の中には，バンド理論では金属であるはずなのに，実際には絶縁体であるという物質が数多く存在する．その意味で，それらの物質においてはバンド理論が破綻していることになる．その原因を探ると，電子同士がクーロン相互作用しているという，当たり前のことが，実は重大な影響を及ぼしているということがわかる．第6章では，これらの話題について概説する.

6.1 バンド理論の前提

　これまで，物質の電気伝導の様々な側面は，バンド理論と半古典的動力学で理解できるということを述べてきた．すなわち，それぞれの電子は，結晶の周期ポテンシャルを感じながらも，基本的には自由電子と本質的に変わらないように振る舞うと考えて，結晶の周期ポテンシャルの効果は，有効質量という形で取り込まれていた．そして，これらのアプローチが大成功をおさめた最も良い例が，半導体物理学であった.

　これに対して，前章で，半導体の性質は不純物濃度によって大きく変わり，低温の極限では，金属 - 絶縁体転移が起こることも紹介した．モットは，これを，電子にはたらくクーロン力とその遮蔽効果を考慮して説明した．このことは，物質中の電子の振る舞い，特に電気伝導を論じる際に，やはりクーロン相互作用（この場合は，特に，不純物イオンと電子のクーロン相互作用）が重要な役割を果たしていることを示している.

　本節では，これまであからさまには論じて来なかった電子間のクーロン相

82   6. 電子相関と電気伝導

互作用が，電気伝導に重大な影響を及ぼすということを論じる．結果とし
て，バンド理論では金属になるはずが，実際は絶縁体である物質が数多く存
在することも紹介する．そこで，まずはじめに，バンド理論に含まれる前提
（暗黙の了解）はどのようなものであったのかをみてみよう．

6.1.1 断熱近似と1体問題化

物質の振る舞いをある程度正確に理解するには，量子論から出発しなけれ
ばならない．最初にやるべきことは，ハミルトニアンを書き下し，その固有
値問題を解いて，電子状態を明らかにすることである．

ハミルトニアンを書き下すことは容易で，以下のようになる．

$$H = \sum_i \left(-\frac{\hbar^2}{2m} \nabla_i^2 \right) + \sum_\nu \left(-\frac{\hbar^2}{2M_\nu} \nabla_\nu^2 \right)$$

$$-\sum_{\nu,i} \frac{Ze^2}{|\boldsymbol{R}_\nu - \boldsymbol{r}_i|} + \sum_{i,j} \frac{e^2}{|\boldsymbol{r}_i - \boldsymbol{r}_j|} + \sum_{\nu,\mu} \frac{(Ze)^2}{|\boldsymbol{R}_\nu - \boldsymbol{r}_\mu|} \quad (6.1)$$

ここで，$\boldsymbol{R}_\nu, \boldsymbol{r}_i$ はそれぞれ，格子，電子の位置の演算子であり，解くべき
シュレーディンガー方程式は，

$$H\Phi = E\Phi \quad\quad\quad\quad (6.2)$$

$$\Phi = \Phi(\boldsymbol{r}_1, \boldsymbol{r}_2, \boldsymbol{r}_3, \cdots, \boldsymbol{r}_N, \boldsymbol{R}_1, \boldsymbol{R}_2, \cdots, \boldsymbol{R}_M) \quad\quad (6.3)$$

である．ここで，N, M は電子，格子の総数で，それぞれがアボガドロ定数
のオーダーであることはいうまでもない．方程式を書き下すことはたやすい
が，これを解くのはかなり大変そうなので，可能な限り簡単にしていくのが
物理学の発想である．

まず最初に行うのは，電子と格子の質量の圧倒的な違いに注目し，格子に
ついては，その運動エネルギー（(6.1) の第2項）を考えずに，格子の座標
$\boldsymbol{R}_\nu$ を古典的変数（c ナンバー）としてしまうことである．これは，格子の
運動によって電子が量子状態を変えることはないと考えることに相当し，電
子系の微視的状態の占有状況が変わらないと考えることになるので，**断熱近
似**とよばれている．詳細は文献[1]に譲るが，$(m/M)^{1/4}$ の4次のオーダーま
で良い近似であることが保証されている．

このように，格子のダイナミクスを消去した上でも，(6.1) は膨大な数の

演算子を含み，十分複雑である．ただ，もし，このハミルトニアンを

$$H = \sum_i H_i \tag{6.4}$$

$$H_i = \frac{\hbar^2}{2m} \nabla_i^2 + U(\boldsymbol{r}_i) \tag{6.5}$$

のように，電子に関して，それぞれ i 番目の座標しか含まないハミルトニアンの和の形にできれば，固有関数も固有エネルギーも，

$$\Phi = \prod_i \phi_i(\boldsymbol{r}_i) \tag{6.6}$$

$$E = \sum_i \epsilon_i \tag{6.7}$$

のように表すことができて（変数分離），各電子に対する

$$H_i(\boldsymbol{r}_i)\,\phi(\boldsymbol{r}_i) = \epsilon_i\,\phi_i(\boldsymbol{r}_i) \tag{6.8}$$

が解ければ，後は統計的な手法で，電子の集団の性質を論じることができるようになる．これが**バンド理論**に他ならない．

すなわち，電子間の相互作用，電子と格子の相互作用を，1個の電子が「平均的に」感じるポテンシャルの和の形

$$-\sum_{\nu,i} \frac{Ze^2}{|\boldsymbol{R}_\nu - \boldsymbol{r}_i|} + \sum_{i,j} \frac{e^2}{|\boldsymbol{r}_i - \boldsymbol{r}_j|} + \sum_{\nu,\mu} \frac{(Ze)^2}{|\boldsymbol{R}_\nu - \boldsymbol{R}_\mu|} \simeq \sum_i U(\boldsymbol{r}_i) \tag{6.9}$$

のようにすることができれば，後は，基本的に1電子の問題に帰着できる．バンド理論の前提には，このような考え方があったのである．

では，この考え方はどれほど正しいのだろうか？ (6.9) において，第3項は定数なのでエネルギーの原点をずらすだけであり，第1項は，(6.5) の中の $U(\boldsymbol{r}_i)$ のように表せることは明らかである．しかしながら，電子同士のクーロン反発を表している第2項は，決してこの形に表すことはできない．これを無理やり，1個の電子が平均的に感じるポテンシャルの和の形にした上で成立しているのがバンド理論なのである．

実際は，

(1) ポテンシャルを適当な形に仮定する．

(2) シュレーディンガー方程式 (6.8) を解いて，波動関数を求める．

(3) その波動関数を用いて，有効ポテンシャル

$$U(\boldsymbol{r}) = \int \frac{e^2|\phi(\boldsymbol{r}')|^2}{|\boldsymbol{r} - \boldsymbol{r}'|} d\boldsymbol{r} \tag{6.10}$$

84   6.   電子相関と電気伝導

を求める.

(4) そのポテンシャルを使って，再びシュレーディンガー方程式 (6.8) を解いて，波動関数を求める.

(5) その波動関数を用いて有効ポテンシャルを求め，すなわちプロセス (3) に戻る.

といった具合に，これらのプロセスを繰り返し，結果があまり変動しなくなれば，(6.9) の近似がそれほど悪くないと判断し，バンド理論のお膳立てが整ったとみなす．この一連の手続きを行うのが**ハートレー**[1] **近似**である[2],[3].

電子はフェルミ粒子なので，2個の電子の交換に対して，波動関数は符号を変えなければならないが，(6.6) の波動関数はその要請を満たしていない．この要請を満たすように改良を加えたものを，**ハートレー‐フォック**[2] **近似**とよび[4]，その波動関数のことを**スレーター**[3] **行列式**という[5],[6],[7].

実は，自由電子の固有関数（平面波）は，ハートレー‐フォック近似によるシュレーディンガー方程式の解になっていることがわかり，そのエネルギーを求めると，

$$E = N \left\{ \frac{2.21}{(r_s/a_0)^2} - \frac{0.916}{(r_s/a_0)} \right\} \times E_0 \qquad (6.11)$$

（ただし，E_0 は水素原子の 1s 状態のエネルギー）となる（演習問題 [1]）．第 1 項は運動エネルギーの総和であり，新しく出てきた第 2 項は**交換相互作用**とよばれるものである．この項が出てくる理由は，パウリ原理のために同じ向きのスピンをもつ電子は同じ場所に来ることができないため，結果的にクーロンエネルギーを得しているという効果である[4]．1 体近似描像であるハートレー‐フォック近似においても，このような形ではクーロン相互作用の効果が取り込まれている．

---

1)   Douglas Rayner Hartree, 1897.3.27 - 1958.2.12, イギリス.

2)   Vladimir Aleksandrovich Fock, 1898.12.22 - 1974.12.27, ロシア.

3)   John Clarke Slater, 1900.12.22 - 1976.7.25, アメリカ.

4)   したがって，この項は，2個の電子の互いのスピンの向きでエネルギーが変わることを意味しており，磁性の諸問題の出発点となる．すなわち，スピン間にはたらく相互作用（交換相互作用）の本質はクーロン相互作用である.

6.1.2 正当化の根拠

ハートレー近似，ハートレー-フォック近似はうまい方法のようにも思える．実際，自由電子の波動関数もシュレーディンガー方程式の厳密解になっていることが確かめられる（演習問題［2］）．しかし，原点に立ち返ると，(6.9) の近似は，本来，個々の電子同士の座標を含む相互作用の和を，強引に，1 個の電子の座標しか含まない形の和で置き換えてしまっているので，かなり無茶をしているように思える．にもかかわらず，半導体物理学に代表されるように，バンド理論あるいは自由電子モデルが，物質の性質をかなりよく説明できたのはなぜだろうか？ それには，2 つの根拠があったのである．

遮蔽

いま，一様な電子密度の物質中に，外から新たに電子を付け加えたとしよう．すると，電子同士は互いにクーロン反発（クーロン力による反発）するので，もともとあった他の電子は，新たに付け加えられた電子を避けて分布する．その結果，外部から付け加えた電子の周りは電子の密度が薄くなり，相対的に，正の電荷が多くなる（図 6.1）．この様子を離れた所から眺

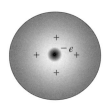

図 6.1 遮蔽効果

めると，負の電荷をもった電子が正電荷の衣をまとった状態にみえ，実質的に電子の負電荷が消失した，電気的に中性の粒子のようにみえる．これが**遮蔽効果**である．

この問題を数学的に扱うと，遮蔽されていないクーロンポテンシャル

$$V(\boldsymbol{r}) = \frac{e^2}{|\boldsymbol{r}|} \tag{6.12}$$

が，

$$V(\boldsymbol{r}) = \frac{e^2}{|\boldsymbol{r}|} e^{-k_{\mathrm{s}}|\boldsymbol{r}|} \tag{6.13}$$

$$k_{\mathrm{s}} = \frac{4}{\pi} \frac{1}{k_{\mathrm{F}} a_0} k_{\mathrm{F}}^2 = \frac{2.95}{(r_{\mathrm{s}}/a_0)^{1/2}} \, \text{Å}^{-1} \tag{6.14}$$

(r_{s}/a_0 は，第 2 章の演習問題［1］を参照）のように，短距離型に変更を受ける．電子密度 n で決まる遮蔽の特徴的な距離 k_{s}^{-1} は，典型的な金属の電

86 6. 電子相関と電気伝導

子密度の場合 0.1 nm 程度であり，実質的にクーロン反発力が消去されることになる．この扱いは**トーマス**[5]-**フェルミ近似**とよばれている．

遮蔽プロセスにおける電子分布の変化を，波数変化に対してより細かい構造まで取り込んだ，さらに進んだ扱いでは，

$$V(r) \propto \frac{1}{|r|^3} \cos 2k_F|r| \tag{6.15}$$

のようなポテンシャルが得られている．ここで述べた遮蔽効果が有効にはたらくためには，電子の波動関数が結晶中に十分広がっているということが大前提となっている．

上記の議論は金属を念頭に展開したが，波動関数の広がりという点では，Si や Ge などの半導体に対しても，本質的に同じことがいえて，これらの物質では，主役の電子は s 軌道と p 軌道の混成した軌道で，どちらも広がりが大きい．このため，バンド理論が大成功をおさめたのである．これに対して，この前提が怪しくなる場合は，遮蔽の効果が不十分であり，バンド理論の前提も再考を余儀なくされることになる．その典型例が，d 軌道の電子であり，具体的には，後述の，遷移金属酸化物の多くがこの範疇に属する．

ランダウのフェルミ液体論

遮蔽により，クーロン相互作用の長距離部分を実質的に消し去ることができたが，短距離部分については依然として手がついていない．この部分を消し去ることができるトリックが，ランダウ[6] の**フェルミ液体論**である[(8)]．

物質中の電子は互いにクーロン相互作用をしているため，1 電子の固有状態は，もはや固有状態ではなく，相互作用によって量子状態を変える．ところが，ランダウによれば，そのように複雑に相互作用している電子の集団においても，フェルミ準位近傍の低エネルギー励起に関する限り，独立粒子の集団とみなせるという．ただし，この独立粒子は，電子 1 個とは異なり，相互作用の結果生じた，抽象的な**準粒子**とよぶものである．繰り返しになるが，相互作用があるので，準粒子は固有状態ではなく，一定時間が経過すると基底状態に向けて緩和してしまう．しかしながら，その寿命が十分に長け

---

5) Llewellyn Hilleth Thomas, 1903.10.21 - 1992.4.20, イギリス．

6) Lev Davidovich Landau, 1908.1.22 - 1968.4.1, ロシア．

れば，実質的に固有状態の独立粒子とみなしてよい.

このように考えてよい理由は，パウリ原理である．N 個の電子が基底状態にあり，すなわち，フェルミエネルギー E_F まで電子が詰まっていて，そのうち 1 個が励起状態 E_1 にあるとしよう（$E_1 > E_F$）．この電子が，量子状態 E_2 にある他の電子とクーロン相互作用をして，他の量子状態 E_3 に散乱される過程を具体的に考えてみよう.

相手の電子は E_2 から E_4 に散乱されるとする．このとき，パウリ原理から，散乱される先の状態は空でなければならないので，E_3, E_4 は，共に E_F より大きくなければならない．ここで，エネルギー保存則 $E_1 + E_2 = E_3 + E_4$ があるために，例えば，E_1 がちょうど E_F に等しいとき，E_2, E_3, E_4 はすべて E_F に等しくなければならない．すなわち，すべての電子はフェルミ面上にあることになり，散乱の断面積への寄与はゼロとなる．これは，散乱による寿命（緩和時間）が無限に大きくなることを意味する.

有限温度では，フェルミ分布関数の E_F の周りに $k_B T$ 程度の熱的ボケが生じるために，散乱寿命は多少短くなり，

$$\frac{1}{\tau} = A(E_1 - E_F) + B(k_B T)^2 \tag{6.16}$$

が得られる（この結果は，すでに 2.4 節で（2.70）として紹介済みである）．したがって，十分低温，かつ十分低エネルギーの励起に注目する限り，準粒子の寿命は非常に大きく，固有状態に準ずるものと理解できる.

これらの議論により，独立粒子の描像，さらには，自由電子の描像がある程度保証されたのである.

6.2 電子相関とモット‐ハバード転移

6.2.1 電子相関

前節に述べた事情により，物質中の電子集団は，第 1 近似として，独立粒子の集団とみなすことができた．そこでは，パウリ原理を満たすために，交換相互作用という形で，クーロン相互作用の効果が現れていた．実際の電子

のエネルギーは，ハートレー–フォック近似のそれとは異なり，この近似で取り込まれていないクーロン相互作用の効果によるものである．このハートレー–フォック近似を超えたクーロン相互作用の効果を総称して**電子相関**といい，実際の電子系のエネルギーとハートレー–フォック近似のエネルギーとの差を**相関エネルギー**とよぶ．

電子相関，すなわち**多体効果**を扱う様々な手法が開発され，その代表的なものとしては**乱雑位相近似**（Random Phase Approximation：RPA）が挙げられるが[9]，それらの詳細は関連の専門書に譲る（巻末の参考書を参照）．

これらの改良がなされても，電子系の実際のエネルギーと，計算されたエネルギーの定量的一致が良くない物質群が存在する．遷移金属化合物，有機伝導体，希土類化合物などがそれに当たる．これらの物質においては定量的な一致が良くないだけでなく，しばしば，定性的に誤った結果が得られることもある．すなわち，バンド理論に立脚した記述が無力となるのである．以下では，これらについてみてみよう．

6.2.2 バンド理論では理解できない物質

1986年に発見された銅の酸化物における高温超伝導現象[10]は，物性分野に限らず，多くの科学者に衝撃を与えた．この現象の背後に潜む物理学を理解する出発点になる物質がLa_2CuO_4であり，後述の理由から，しばしば，

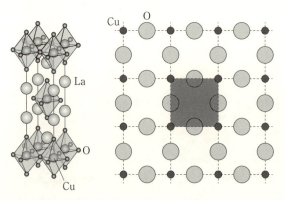

(a) La_2CuO_4の結晶構造　(b) CuO_2面を抜き出したもの　　図6.2

高温超伝導体の母物質とよばれる.

この物質の構造は図 6.2 に示す通りで，CuO_6 の八面体から構成されるシートが積み重なり，間に La-O のシートが挟まった，層状構造をしている．特に，シートの面に注目すれば，銅と酸素がシンプルな正方形のネットワークをつくっている[11].

酸化物では，酸素の欠損がしばしば入るために，電気伝導度も酸素の欠損の量に依存するが，この物質は基本的に絶縁体（半導体）であることが知られている．さらに，結晶構造からも想像されるように，CuO_2 シートの面内の電気伝導度の方が，シートをまたぐ方向の電気伝導度に比べて 100〜1000 倍ほど大きい．このような物質を**擬 2 次元的な物質**という．

La_2CuO_4 の電子状態について考えてみよう．バンド理論によると，フェルミ準位付近で重要な役割を果たすバンドは，銅の 3d 軌道と酸素の 2p 軌道であることがわかる．銅の 3d 軌道については，d 軌道は角運動量 $2\hbar$ であるので，原子では，5 重に縮退している．しかし，d 軌道は空間的な広がりが狭いために，周囲の環境の影響を受けやすく，図 6.2(b) のような正方対称の環境では，図 6.3 のように準位が分裂する．この中で酸素の 2p 軌道と強く混成しているのが $3d_{x^2-y^2}$ 軌道であり，この軌道がつくる広いバンドの途中をフェルミ準位が横切っている（図 6.4）．したがって，バンド理論によれば，La_2CuO_4 は金属であるはずである．

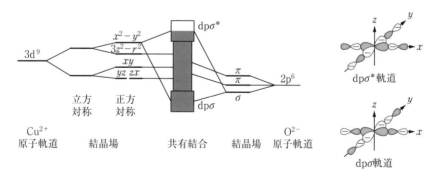

図 6.3 La_2CuO_4 における Cu の 3d 準位の分裂および O 2p 準位との混成
（野原 実 著：「高温超伝導体（上）―物質と物理―」（応用物理学会）による）

6. 電子相関と電気伝導

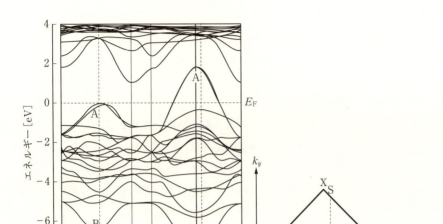

図 6.4 La_2CuO_4 のバンド計算. この図は, 2 次元の波数空間の様々な方向のエネルギー固有値を第 1 ブリュアン域内で描いたものであり, 横軸の Γ, Δ, U, Z, X, S などは, 波数空間の様々な点の呼称（右図を参照）. 例えば, Γ 点は $k = (0, 0)$ を表す. (L. F. Mattheis : Phys. Rev. Lett. **58** (1987) 1028 による)

　同じ結論は, 波数空間描像と対照的な, 実空間での化学結合を念頭におく, ボンド的な描像でも得られる. すなわち, La は電子を 3 個放出して安定配置になる, すなわち +3 価のイオンになる. 一方, 酸素は電子を 2 個取り込んで安定配置をつくるので, −2 価のイオンになる. 物質は電気的に中性でなければならないので, $+3 \times 2 - 2 \times 4$ の差の電子 2 個分は Cu が放出しなければならない. すなわち, Cu は +2 価であることになる. Cu 原子の電子配置は $3d^{10}4s^1$ であるので, Cu が +2 価ということは, 3d 軌道に電子が 9 個いることになる. 正方対称の環境では 3d 軌道は図 6.3 のようになっているので, 電子を 9 個収容すると, 最上位の $x^2 - y^2$ 軌道に電子が 1 個だけ入り, 後の軌道はすべて埋まることになる. したがって, $3d_{x^2-y^2}$ 軌道は定員の半分だけ埋まるので, やはり, 金属伝導が期待される.

　以上のように, バンド描像, ボンド描像のいずれからも, La_2CuO_4 は金属になることが結論づけられるにも関わらず, 実際は, 絶縁体なのである.

6.2.3 モット絶縁体と強相関電子系

このように，バンド理論では金属になるはずが，実際は絶縁体という物質があるのはどうしてだろうか？ この謎を解くには，本章の最初で論じた，バンド理論の前提に立ち戻る必要がある．そこで述べたことを再度まとめると，以下のようになる．

すなわち，バンド理論は，電子間のクーロン反発を，周囲の電子から受ける平均的なポテンシャルに置き換えて，電子1個に対するエネルギー固有値を求める問題にしてしまい，その結果得られたエネルギー固有値が，バンド構造であった．

これらの，一見強引ともいえる単純化が結構うまくいったのは，遮蔽効果，そして，ランダウ-フェルミ液体論で論じられた意味でのパウリ原理によるものであった．したがって，例えば図 6.5 のように，格子のあるサイトに電子が1個いれば，エネルギーは，そのバンドエネルギー $\epsilon(\boldsymbol{k})$ であるが，図 6.5(a) のように異なるサイトに2個いれば，エネルギーは単純に $2\epsilon(\boldsymbol{k})$ である．また，この2個が同じサイトにいたとしても，バンド描像ではエネルギーは，やはり $2\epsilon(\boldsymbol{k})$ である（図 6.5(b) 左側）．ただし，パウリ原理から，2個の電子のスピンは互いに逆向きでなければならない．

図 6.5 電子2個のエネルギーのバンド描像と強相関描像の比較
(a) 異なるサイトに配置した場合
(b) 同じサイトに配置した場合

しかしながら，原点に立ち返ってみると，図 6.5 の (a) と (b) では，本当にエネルギーを2倍しただけでよいのだろうか？ 同じサイトに電子が2個いるわけであるから，そのエネルギーは，バンドエネルギーを2倍した分に加えて，やはり，クーロン反発によるエネルギーの増分を無視できないのではないだろうか？

実際に，そのエネルギーがどれくらいになるかは，ごく簡単に第2章の演習問題 [1] ですでに取り上げた．クーロンエネルギーの表式 $e^2/|\boldsymbol{r}|$ に電

子の電荷を代入し,電子間の距離を仮に1Åとすると,その値は10eVとなり,フェルミエネルギーの典型的な値と同程度あるいは,それ以上となる.したがって,このエネルギーのことを無視しなければ,図6.5(b)の右側のように,同じサイトに電子が2個いる場合のエネルギーは$2\epsilon(\mathbf{k}) + U_{ii}$となる.$U_{ii}$の添字$ii$は,2個の電子が同じサイト$i$にいるということを表しており,**オンサイトのクーロンエネルギー**とよばれる.

オンサイトのクーロン反発を考慮すると,電子が同じサイトに2個存在することはエネルギー的に不利になるので,例えば,図6.5(a)のように異なるサイトに存在する傾向が高まるだろう[7].

そこで,オンサイトのクーロン反発が非常に大きい状況で,サイトの数と同じだけ電子がある場合を考えてみよう.

1サイトの電子の収容定員は2個なので,バンドという言い方をすれば,バンドの半分を電子が占有していることになる(half-filled).すなわち,バンド理論では金属伝導が期待される状況である(図6.6(a)).しかしながら,バンド理論では有効ポテンシャルという形で消し去られていたオンサイトのクーロン反発の効果を考慮に入れたとき,最もエネルギーの低い状態はどのようなものであろうか?

上の議論を踏まえると,同じサイトを2個の電子が占有する状態,すなわち2重占有はエネルギー的に大きな損であるので,各電子はそれぞれのサイト

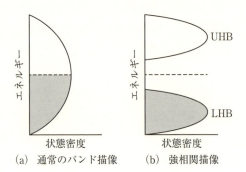

(a) 通常のバンド描像　　(b) 強相関描像

図6.6 half-filled の状態の状態密度.灰色部分の領域は,電子が詰まった状態を示す.また,実線はフェルミエネルギー.LHB,UHBはそれぞれ,下部,上部ハバードバンド(N個の電子を収容する,クーロン相互作用で分裂した2つのバンド)の意味.
(内野倉國光・前田京剛・寺崎一郎 共著:「高温超伝導体の物性」(培風館)による)

---

[7] 図6.5(a)の場合でも,有限のクーロン反発はあるが,それはオンサイトのクーロン反発に比べれば小さいと予想されるので,近似の最初の段階では考えない.状況によっては,それらも重要な役割を果たすことになる.

を1個ずつ占有すると考えられ，この状態が最も安定と考えられる（図6.7 (a)）．すなわち，電子は動かない状態（局在状態）に落ち着いてしまう．つまり，電気伝導という観点からは，絶縁体になってしまう．これが，バンド理論では金属伝導が期待されるのに，実際は絶縁体になっているということの種明かしである．

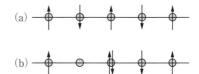

図 6.7 half-filled の状態
(a) U が大きい場合の基底状態
(b) 電子が1個だけ隣のサイトに移動した場合

このように，パウリ原理とクーロン反発のために，本来は金属伝導を示す状況の電子が局在して絶縁体になっている物質を，**モット絶縁体**という．非常に起こりにくいことではあるが，モット絶縁体の励起状態としては，どこかの電子が隣り合ったサイトに飛び移る状態が考えられるが，この場合，パウリ原理からスピンは互いに逆向きでなければならない（図6.7(b)）．したがって，それぞれのサイトの電子は，交互に逆向きスピンをもった状態になると考えられる．このような理由から，モット絶縁体状態は**反強磁性磁気秩序**をともなっている．

ここで例に挙げたように，3d バンドをもつ遷移金属の酸化物の多くはモット絶縁体であることが知られている．これは，3d 軌道は広がりが狭いため，遮蔽効果が十分にはたらかず，強いオンサイトのクーロン反発の効果が無視できないためと解釈される．このように，オンサイトクーロン反発の効果が無視できず，モット転移を起こしている物質，あるいは，その近傍にあると考えられる物質は，**強相関電子系**とよばれている．

強相関電子系を理論的に扱うのは，バンド理論すなわち1体問題を超えた問題（**多体問題**）を扱うことになり，非常に難しい問題であるが，それゆえ，昔から取り組まれていたにも関わらず，比較的地味な問題であったといえる．ところが，モット絶縁体である銅酸化物で高温超伝導が発見されてから，強相関の問題は，突然，物性物理の檜舞台に踊り出た感があり，様々な新しい手法の開発が試みられている．

94　6.　電子相関と電気伝導

6.2.4　ハバード・モデル

上述のように，近年，強相関電子系の扱いには華々しい展開があったが，常にそれらの議論のもとになっているのは，**ハバード**[8]**・モデル**とよばれる，モット絶縁体を記述する最も簡単かつ重要なモデルである．このモデルのハミルトニアンには，物質中の電子がもつ互いに相反する性質を表す2つの項のみが含まれている．すなわち，1つは，隣り合うサイト間のホッピング（トランスファー積分）t であり，もう1つが，上で議論した，オンサイトのクーロン反発 U（添字 ii は省略した）である．ホッピング t は，バンド幅 W を与える．すなわち，電子が広がることによって運動エネルギーを得する効果，電子のもつ**遍歴性**の尺度を表している．

これに対して，オンサイトのクーロン反発は，前項で議論したように，電子を局在させる傾向のバロメーターである．

このように，物質中の電子は遍歴性と**局在性**という，相反する性質をもっており，その大小関係によって，電気伝導は大きく影響を受ける．

バンドが半分まで占有された状況（half-filled）に話を限り，まず，$t \gg U$ の場合を考えてみよう．

この場合は，同じサイトを2つの電子が2重占有しても，t を得する効果の方が U を損する効果よりもはるかに大きいので，エネルギーはバンド理論のそれとあまり大きく変わらないであろうから，実際に起こることは基本的にバンド理論の結果通り，金属伝導が起こるだろう．これに対して，全く逆の極限の $U \gg t$ の場合は，すでに前項でみた通り，電子は各サイトに局在してしまい，金属伝導性は失われる．

そこで，t と U の大きさの比を変化させていくと，どこかで，金属から絶縁体への転移が起こることが期待される．ハバードは，3次元の物質では，バンド幅を W としたとき，実際に $U/W = 2.3$ においてこの転移が起こることを明らかにした[13]．このような転移を**モット − ハバード転移**とよぶ．

はっきりとした転移が起こるのか，あるいは連続的な移り変わり（クロスオーバー）なのか，どのくらいのパラメーター領域でそれが起こるのかとい

---

8)　John Hubbard, 1931.10.27 - 1980.11.27, イギリス.

うことは，次元性や様々な物質の詳細に依存している．しかしながら，ここで述べた一般的な傾向は普遍的なものである．

いままでは half-filled に話を限ったが，ここで電子の占有度をずらしていくと何が起こるのだろうか？　1986 年に発見された銅酸化物超伝導体は，half-filled のモット絶縁体から，バンド内の電子の占有の度合いをずらしたときに，液体窒素の沸点を超える温度で超伝導が起こることを我々にみせつけた．少なくとも，これを予言した人は誰もいなかったわけで，伝統的問題であるモット転移のごく近傍に高温超伝導が隠れていたという，一種の逆説的な出来事は，物性研究者にとって，とてつもなく大きな衝撃であった．

このように，物質の構成要素はよくわかっており，またその構成要素が従う基礎方程式もよくわかっているにもかかわらず，ひとたびバンド理論の枠組みを超えると，本来，物質中の電子が示す多体効果の世界には，人智を超えた現象がまだまだたくさん潜んでいると考えられ，これこそが，物性物理が難しく，かつ，面白いところなのである．

$$\boxed{\text{演 習 問 題}}$$

［1］　次の問いに答えよ．

変分原理に基づき，ハミルトニアン（6.1）に対して，波動関数（6.6）を用いて停留値を求めることで，ハートレー方程式

$$-\frac{\hbar^2}{2m}\nabla_i^2\psi_i(\boldsymbol{r}) + U^{\mathrm{ion}}(\boldsymbol{r})\,\psi_i(\boldsymbol{r}) + U^{\mathrm{el}}(\boldsymbol{r})\,\psi_i(\boldsymbol{r}) = \varepsilon_i\psi_i(\boldsymbol{r}) \qquad (6.17)$$

が得られる．ただし，

$$\begin{cases} U^{\mathrm{ion}}(\boldsymbol{r}) \equiv -\sum_{\nu}\dfrac{Ze^2}{|\boldsymbol{R}_\nu - \boldsymbol{r}|} \\[2mm] U^{\mathrm{el}}(\boldsymbol{r}) \equiv e^2\sum_{j(\neq i)}\int d\boldsymbol{r}'\,|\psi_j(\boldsymbol{r}')|^2\dfrac{1}{|\boldsymbol{r} - \boldsymbol{r}'|} \end{cases} \qquad (6.18)$$

である．

イオンによるポテンシャルを一様な正電荷によるそれと考えてよいとした場合，

96   6. 電子相関と電気伝導

自由電子の固有関数である平面波がこの方程式の解になっていることを示し，エネルギーを求めよ．このとき，電子1個当たりの平均エネルギーを求めよ．

[2] [1]と同じハミルトニアンに対して，スレーター行列式

$$\Psi(\boldsymbol{r}_1 s_1, \boldsymbol{r}_2 s_2, \cdots, \boldsymbol{r}_N s_N) = \begin{vmatrix} \phi_1(\boldsymbol{r}_1 s_1) & \phi_1(\boldsymbol{r}_2 s_2) & \cdots & \phi_1(\boldsymbol{r}_N s_N) \\ \phi_2(\boldsymbol{r}_1 s_1) & \phi_2(\boldsymbol{r}_2 s_2) & \cdots & \phi_2(\boldsymbol{r}_N s_N) \\ & & \vdots & \\ \phi_N(\boldsymbol{r}_1 s_1) & \phi_N(\boldsymbol{r}_2 s_2) & \cdots & \phi_N(\boldsymbol{r}_N s_N) \end{vmatrix} \times \frac{1}{\sqrt{N!}} \qquad (\langle \Psi | \Psi \rangle = 1)$$

(6.19)

を用いて停留値を求めることで，ハートレー－フォック方程式

$$-\frac{\hbar^2}{2m}\nabla^2 \phi_i(\boldsymbol{r}) + U^{\mathrm{ion}}(\boldsymbol{r})\phi_i(\boldsymbol{r}) + U^{\mathrm{el}}(\boldsymbol{r})\phi_i(\boldsymbol{r})$$

$$-\sum_j \int d\boldsymbol{r}' \frac{e^2}{|\boldsymbol{r}-\boldsymbol{r}'|} \phi_j^*(\boldsymbol{r}')\phi_i(\boldsymbol{r}')\phi_j(\boldsymbol{r})\delta_{s_i, s_j} = \varepsilon_i \phi_i(\boldsymbol{r})$$

(6.20)

が得られる．ここで，s_i, s_j は各電子のスピン変数で，上向き，下向きに対応して，それぞれ $+1$，-1 をとる．左辺第4項は，量子力学的な効果の現れであり，**交換項**とよぶ．

ここでも，[1]と同様に，イオンによるポテンシャルを一様な正電荷によるそれと考えてよいとして，自由電子の固有関数である平面波がこの方程式の解になっていることを示し，固有エネルギーを求めよ．

97

第 7 章

雑 音

　これまでは，物質に電場がかけられたときの平均的な応答に注目してきたが，自然現象では，常に平均値からのずれが時間的に変動している．これを**ゆらぎ**とよぶ．音声を電気的に変換した場合は，これが雑音になるが，物理学では，一般的に，ゆらぎを雑音とよぶ．雑音は物理学において重要な位置を占め，特に，電気伝導を論じる際に非常に重要な役割を担っている．本章では，それらについてみてみよう．

7.1 様々な雑音

　雑音の物理学が発展した動機は，どこまで雑音を減らすことができるかということであった．「彼を知り己を知れば百戦殆うからず」である．

　有限温度の抵抗体は常にゆらぎを発生している．これが**熱雑音**とよばれるものであり[1]，いかにすぐれた装置をつくっても，熱雑音以下のレベルに雑音を抑えることはできない．熱雑音については，7.3 節で述べる**ナイキスト**[1] **の定理**[2] が成り立つ．これに対して，導線を電流が流れているとき，その電流にもゆらぎがある．この場合の雑音を**散射雑音**という[3]．

　熱雑音や散射雑音は抵抗の電圧ゆらぎや導線の電流ゆらぎに限ったものではなく，より一般的にとらえることができる．熱雑音についてはどのように一般化されるかを以下で詳しくみる．一方，散射雑音は，流れに粒子的性格があるときに必ず現れる．

---

1)　Harry Nyquist, 1889.2.7 - 1976.4.4, スウェーデン.

熱雑音にも散乱雑音にも分類されないものを総称して**過剰雑音**とよぶが，それらの多くは低周波でパワースペクトル（次節で解説）が周波数 f に大まかに逆比例するので，しばしば，これらを総称して文字通り **$1/f$ 雑音**（**$1/f$ ゆらぎ**）とよぶ．

$1/f$ ゆらぎは実に様々なところに現れる．有名な例としては，抵抗体の電圧ゆらぎ，高速道路の車の流れ，生物の神経パルスなどがある．$1/f$ ゆらぎは非平衡統計力学の見地からは極めて異常な雑音であり，もう1世紀以上も研究されているが，未だその第一原理的理解に成功していない．さらに，人間が感じる心地良さと $1/f$ ゆらぎとの密接な関係も指摘されており，興味はつきない．

7.2 ゆらぎの記述

7.2.1 相関関数とパワースペクトル密度

いま，$x(t)$ を，図 7.1 のような時間変化する不規則な信号とする．ただし，それは**定常的**であるとする．ここで，定常的であるとは，時刻 t_1 において，$x(t_1)$ が x_1 と $x_1 + dx_1$ の間の値をとり，時刻 t_2 において，$x(t_2)$ が x_2 と $x_2 + dx_2$ の間の値をとり，のように，時刻 t_n において $x(t_n)$ が x_n と $x_n + dx_n$ の間の値をとる確率 $w_n(x_1, t_1; x_2, t_2; \cdots, x_n, t_n) dx_1, dx_2 \cdots dx_n$ に関して，

$$w_n(x_1, t_1; x_2, t_2; \cdots, x_n, t_n) = w_n(x_1, t_1 + \tau; x_2, t_2 + \tau; \cdots, x_n, t_n + \tau) \tag{7.1}$$

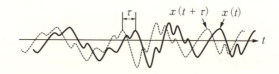

図 7.1 ゆらぎの信号．実線が信号であり，後ほど，相関関数について述べるときの参考となるように，時刻を τ だけずらした信号も破線で書いてある．
（日野幹雄著：「スペクトル解析」（朝倉書店）による）

が成り立っていることである．すなわち，不規則な確率過程が定常的であるとは，観測時刻を全体に τ だけずらしても確率密度が変わらない（現象の本質が時間の原点の取り方には依らない）ということである．

定常的な時間領域の信号はフーリエ変換で表すことができるので，時間変化する信号を $x(t)$，そのフーリエ成分を $a(\omega)$（ω は角振動数）として，

$$x(t) = \int_{-\infty}^{\infty} a(\omega)\, e^{i\omega t}\, d\omega \tag{7.2}$$

が成り立ち，これより逆に

$$a(\omega) = \frac{1}{2\pi} \int_{-\infty}^{\infty} x(t)\, e^{-i\omega t}\, dt \tag{7.3}$$

と表され，$x(t)$ は不規則なゆらぎであるので，その平均はゼロになってしまう[2]．

$$\langle x(t) \rangle = \langle a(\omega) \rangle = 0 \tag{7.4}$$

したがって，ゆらぎの記述には，単なる平均はあまり良い量ではない．では，どのような量で不規則なゆらぎを表したらよいだろうか？

通常，最もよく使われるのは

$$\Phi_x(t) \equiv \langle x(t_0)\, x(t_0 + t) \rangle \qquad (x(t)\ \text{の相関関数}) \tag{7.5}$$

$$S_x(\omega) \equiv \lim_{T \to \infty} \left\langle \frac{|a(\omega)|^2}{T} \right\rangle \qquad (x(t)\ \text{のパワースペクトル密度}) \tag{7.6}$$

の2つである．相関関数は文字通り，ある時刻の信号と，時間 t だけ離れた信号がどれほど関連性をもっているかを表す量であり，$x(t)$ についての微分方程式などを解いて計算から求めやすい．

一方，パワースペクトルとはフーリエ成分の2乗のことであり，パワースペクトル密度の方は，スペクトラムアナライザーなどを用いることで，実験

---

2) 「平均」といった場合，

$$\text{長時間平均}：\overline{a(t)} \equiv \frac{1}{T} \int_0^T a(t)\, dt$$

$$\text{アンサンブル平均}：\langle a(t) \rangle$$

の2種類が考えられるが，通常は，エルゴード性

$$\lim_{T \to \infty} \overline{a(t)} = \langle a(t) \rangle$$

が成り立っていると考えられるので，以下では，特に断らない限り，両者を区別せずに「平均」とよび，記号も $\langle\ \rangle$ を用いることにする．

から容易に求めることができる．幸いなことに，両者は互いにフーリエ変換で結ばれている（**ウィーナー**[3]**-ヒンチン**[4]**の定理**）[(4)]．

$$S_x(\omega) \equiv \frac{1}{2\pi} \int_{-\infty}^{\infty} \Phi_x(t)\, e^{-i\omega t}\, dt \tag{7.7}$$

$$\Phi_x(t) \equiv \int_{-\infty}^{\infty} S_x(\omega)\, e^{i\omega t}\, d\omega \tag{7.8}$$

したがって，実験とモデルの比較検討が可能になる．特に，上式で $t=0$ とおくと

$$\langle x(0)^2 \rangle = \int_{-\infty}^{\infty} S_x(\omega)\, d\omega \tag{7.9}$$

となり，パワースペクトル密度は，ゆらぎの大きさの各フーリエ成分を表していることになる．

7.2.2 白色雑音のスペクトルと相関関数

ゆらぎの物理では非常に基本的な信号である**白色雑音**について，以下で，詳しくみてみよう．すなわち，少しでも離れた時間のゆらぎ同士の間に全く相関がないとき，相関関数やパワースペクトルがどのように表されるかを考えてみる．

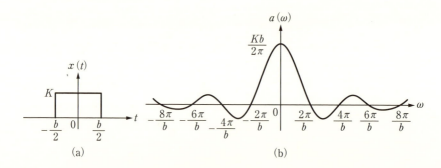

図7.2 高さ K，長さ b の矩形パルス(a)とそのフーリエ変換(b)
(日野幹雄 著：「スペクトル解析」（朝倉書店）による)

---

3) Norbert Wiener, 1894.11.26 - 1964.3.18, アメリカ．
4) Aleksandr Yakovlevich Khinchin, 1894.7.19 - 1959.11.18, ソ連．

そのために，まず，図 7.2(a) のような矩形パルスを考える．すなわち，

$$x(t) = \begin{cases} 0 & \left(|t| \geq \dfrac{b}{2}\right) \\ K & \left(|t| \leq \dfrac{b}{2}\right) \end{cases} \tag{7.10}$$

として，定義に従って (7.3) よりフーリエ変換を求めると，

$$a(\omega) = \int_{-b/2}^{b/2} K e^{-i\omega t}\, dt = \frac{Kb}{2\pi} \frac{\sin(\omega b/2)}{\omega b/2} \tag{7.11}$$

となり，図 7.2(b) のようになる．

また，相関関数およびパワースペクトル密度は，

$$\Phi(t) = \begin{cases} 0 & (|t| \geq b) \\ K^2(b - |t|) & (|t| \leq b) \end{cases} \tag{7.12}$$

$$S(\omega) = \frac{K^2 b^2}{2\pi} \left\{ \frac{\sin(\omega b/2)}{\omega b/2} \right\}^2 \tag{7.13}$$

となる（演習問題 [1]）．ここで，

$$bK \equiv 1 \tag{7.14}$$

に保ったまま，b をゼロにする極限操作を考えると，

$$\Phi = \begin{cases} 0 & (|t| \neq 0) \\ \infty & (|t| = 0) \end{cases} \tag{7.15}$$

$$S(\omega) \;\rightarrow\; \frac{1}{2\pi} \tag{7.16}$$

となる．このとき，

$$\int_{-\infty}^{\infty} \Phi(t)\, dt = 1 \tag{7.17}$$

が満たされている．

(7.15), (7.17) が満たされているときは，相関関数 $\Phi(t)$ はディラックの δ 関数を用いて，

$$\Phi(t) = \delta(t) \tag{7.18}$$

のように表される．

単一矩形パルスの相関関数とパワースペクトル密度が求まったので，次に，このようなパルスがランダムに発生している場合，すなわち，K, b がランダムな値をとりながら，次々とパルスが発生している場合，同様の問題

102 7. 雑 音

タイプ	相関関数 $\Phi(\tau)$	パワースペクトル密度 $S(\omega)$
定　数	c^2	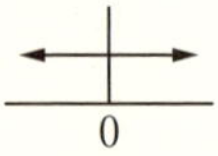 $c^2\delta(\omega)$ 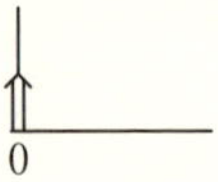
白色雑音	$a\delta(\tau)$	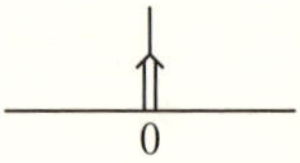 $\dfrac{a}{2\pi}$ 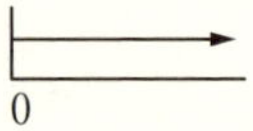
バイナリ雑音	$1 - \dfrac{\|\tau\|}{\varDelta}\ (\|\tau\| \le \varDelta)$ $0 \qquad (\|\tau\| > \varDelta)$	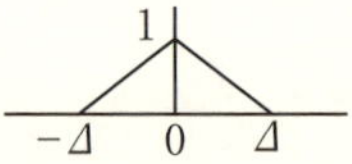 $\dfrac{2\sin^2(\omega\varDelta/2)}{\pi\omega^2\varDelta}$ 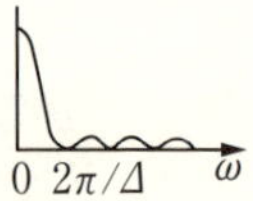
正弦波	$\dfrac{X^2}{2}\cos\omega_0\tau$	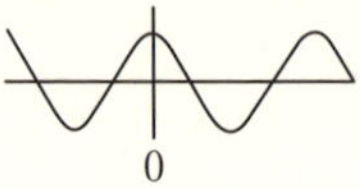 $\dfrac{X^2}{4}\delta(\|\omega\| - \omega_0)$ 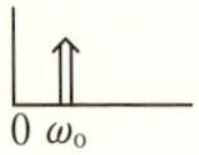
指数関数またはランダム電信信号	$e^{-a\|\tau\|}$	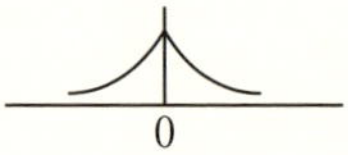 $\dfrac{a}{(a^2+\omega^2)\pi}$ 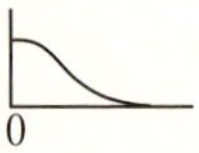
指数余弦関数	$e^{-a\|\tau\|}\cos\omega_0\tau$	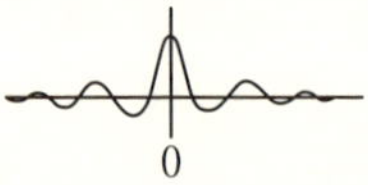 $\dfrac{a}{2\pi}\left[\dfrac{1}{a^2+(\omega+\omega_0)^2} + \dfrac{1}{a^2+(\omega-\omega_0)^2}\right]$ 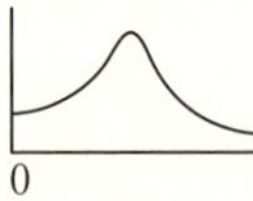
指数余弦関数と指数正弦関数	$e^{-a\|\tau\|}(b\cos\omega_0\tau + c\sin\omega_0\|\tau\|)$	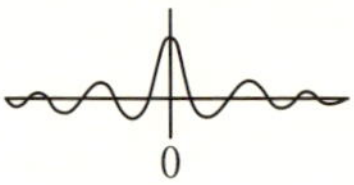 $\dfrac{1}{2\pi}\left[\dfrac{ab+c(\omega+\omega_0)}{a^2+(\omega+\omega_0)^2} + \dfrac{ab-c(\omega-\omega_0)}{a^2+(\omega-\omega_0)^2}\right]$ 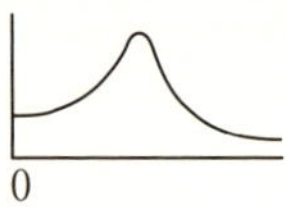
低域白色雑音	$2aB\left(\dfrac{\sin B\tau}{2\pi B\tau}\right)$	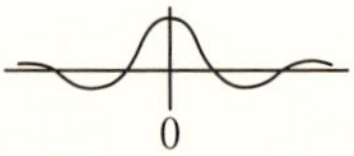 $\dfrac{a}{2\pi}\ (0 \le \|\omega\| \le B)$ $0\quad(\text{その他})$ 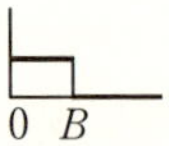
帯域白色雑音	$2aB\left(\dfrac{\sin B\tau}{\pi B\tau}\right)$ $\times\cos\omega_0\tau$	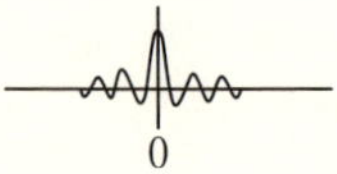 $\dfrac{a}{2\pi}\ (0 < \omega_0 - B \le \|\omega\|$ $\qquad\qquad \le \omega_0 + B)$ $0\quad(\text{その他})$ 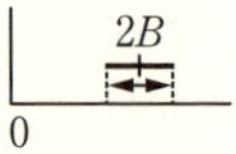

図7.3　様々な信号の相関関数とパワースペクトル密度
（斎藤慶一 著：「確率と確率過程」（サイエンス社）による）

を考えてみよう．この場合，正・負のパルスは平均的に同じ数だけ発生し，各パルスの間には全く関連がなく，パルスの発生間隔は**ポアッソン**[5]**分布**に従うとして，結局同様の手続きで計算を進めると，単一パルスの場合と全く同じ相関関数とパワースペクトル密度が得られることがわかる．

いまのように，パワースペクトル密度が周波数によらずに一定の場合，すなわち，あらゆる周波数の信号が等しい重みで足し合わされている場合を，色になぞらえて**白色雑音**とよぶ．

図 7.3 に，様々なランダム信号の相関関数とパワースペクトル密度を示した．

7.3 熱雑音 — ナイキストの定理と黒体輻射 —

ゆらぎの中で最も基本的な熱雑音について，以下で詳しくみてみよう．ナイキストは，温度 T の熱浴の中で熱平衡状態にある物質は，常に

$$\langle V^2 \rangle = 4k_B T R \Delta f \tag{7.19}$$

の雑音電圧が発生していることを明らかにした[(2)]．ここで，$\langle V^2 \rangle$ はゆらぎ電圧の 2 乗の平均，R は物質の電気抵抗，k_B はボルツマン定数，Δf は電圧測定のバンド幅である．これを**ナイキストの定理**とよんでいる．

この式は，抵抗体がある温度で熱平衡状態にあれば，常にこれだけの電圧ゆらぎが発生していることを示しており，実現可能な雑音電圧の下限を示している．以下で，ナイキストの定理を証明しよう．

図 7.4 のような回路を考える．すなわち，温度 T で熱平衡にある 2 個の等しい抵抗 R がそれぞれ短絡用スイッチと並列に接続され，それぞれが長さ l の無損失かつ特性インピーダンス Z_0 の伝送線で接続されている（特性インピーダンスについては付録 A4.3 を参照）．

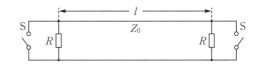

図 7.4 1 次元伝送線に閉じ込められた電磁波

---

5) Siméon Denis Poisson, 1781.6.21 - 1840.4.25, フランス．

104 7. 雑 音

いま，各抵抗で発生している電圧による消費電力の実行値を P_{av} とすると，伝送線内に存在する平均エネルギー E_0 は

$$E_0 = \frac{2l}{v} P_{av} \qquad (7.20)$$

で与えられる．ここで，v は電流が伝送線中を伝わる速さである．（したがって，因子 $2l/v$ は電流が片方の抵抗から他方の抵抗へ流れて戻ってくるまでの時間を表すことになる．）

さて，あるとき突然に伝送線の両端が短絡されたとすると，伝送線上には様々な定在波が立つ．すると，(7.20) の E_0 は Δf 内の定在波のモードへ蓄えられることになる．定在波の固有振動数は $n(v/2l)$ $(n = 1, 2, \cdots)$ で与えられるので，Δf 内のモードの数は $(2l/v)\Delta f$ になる．したがって，伝送線中に蓄えられているエネルギーは，固有モード 1 個当たりの平均エネルギーを $\langle E \rangle$ とすると，$(2l/v)\Delta f \langle E \rangle$ で与えられる．これを (7.20) と等置することにより，

$$\frac{2l}{v} \Delta f \langle E \rangle = \frac{2l}{v} P_{av} \qquad (7.21)$$

が成り立つ．

一方，ボルツマン統計（古典統計）が適用できるような状況では，

$$\langle E \rangle = k_B T \qquad (7.22)$$

であるので，結局

$$P_{av} = k_B T \Delta f \qquad (7.23)$$

となる．ところが，

$$P_{av} = \frac{v^2}{4R} \qquad (7.24)$$

なので，(7.23) および (7.24) より，**ナイキストの定理** (7.19) が得られる．

以上のように，ナイキストの定理は，熱平衡状態にある電磁波の分布を考察し，それにエネルギー等分配則を適用できる，すなわち，マクスウェル－ボルツマン分布で考えることができる場合の結果であることがわかる．

そこで，この証明を拡張し，1 次元の伝送線を考える代わりに，一辺の長さ L の立方体の箱を考え，さらに，電磁波の分布関数をマクスウェル－

ボルツマン分布で近似せず，ボース分布をそのまま用いれば，その結果は，プランクの輻射式

$$u(f)\Delta f = \frac{8\pi h f^3}{c^3} \frac{1}{\exp(hf/k_BT) - 1} \Delta f \qquad (7.25)$$

そのものになる．ただし，$u(f)$ は周波数 f における電磁波のエネルギー密度である．すなわち，黒体輻射と熱雑音は同じ物理現象であることがわかる．

　余談ではあるが，量子力学は光のエネルギー量子仮説から生まれたが，光（電磁場）の粒子性がきちんと量子力学で示されたのは，1900 年にプランクが光量子仮説を発表してから約 30 年も後のことであった（電磁場の量子化）．

7.4　揺動散逸定理

(7.19) を

$$\frac{1}{R} = \frac{1}{4k_BT}\langle i^2 \rangle \frac{1}{\Delta f} \qquad \left(\langle i^2 \rangle \equiv \frac{\langle V^2 \rangle}{R^2}\right) \qquad (7.26)$$

と書き直し，この現象をもう少し解釈し直してみよう．

　抵抗 R に電圧 V を加えると，ジュール熱 V^2/R が発生する．いわば，R（あるいは $1/R$）は与えられたエネルギーが熱となって逃げていくプロセスのバロメーターである．したがって，(7.26) の左辺は，熱平衡にある系に外乱（摂動：上の場合は電場）が加わり，系が熱平衡からずれる際に生じるエネルギー散逸の大きさを表していると考えられる．一方，右辺の $\langle i^2 \rangle$ は熱平衡状態で常時起こっている電流ゆらぎの大きさを表している．

　したがって，(7.26) は，熱平衡状態にある系に外乱を加えたとき，系がどのように平衡状態からずれるかというずれ方は，すでに外乱が加わる前の熱平衡状態のゆらぎが決めている，ということを表していることになる．

　この関係は極めて一般的に成立し，**揺動散逸定理（久保**[6]**公式）**とよばれ，物理学（特に非平衡統計力学）の重要な基本法則の 1 つである[5]．

---

6)　久保亮五, 1920.2.15 - 1995.3.31, 日本.

106   7. 雑　　音

逆に，物質の電気伝導度や帯磁率などを理論的に求める際も，久保公式が基本となる．

7.5　散射雑音

電流の担い手は主に電子であるが，電子は，それぞれ $e = -1.6 \times 10^{-19}$ C の負電荷をもっている．したがって，電子の流れを時間の関数として観察すると，この「粒子性」が，ゆらぎとして観測にかかるはずである．このように，流れに粒子性があるときに現れる雑音が，**散射雑音**である．散射雑音は電流が流れているときのみ観測されるので，前出の熱雑音とは異なり，非平衡状態特有の雑音である．

散射雑音を定量的に表現しよう．ある断面を通過する電子1個1個は，それぞれパルス（δ 関数）で表され，パルスの間隔がランダム，かつパルス同士の相関はないとしよう．したがって，通過する電子の数 N に分布があり，その分布がポアッソン分布に従うとする．また，τ 秒間観測を行い，その間に通過する電子数を N とする．

同様の観測を何度も繰り返すと，N は観測ごとに異なるであろうから，その平均値を $\langle N \rangle$ とすると，よく知られているように，ポアッソン分布では分散 σ^2 も $\langle N \rangle$ になる．すなわち，

$$\sigma^2 \equiv \left\langle (N - \langle N \rangle)^2 \right\rangle \left(= \langle N^2 \rangle - \langle N \rangle^2 \right) = \langle N \rangle \tag{7.27}$$

となる．上の議論から，電流の平均値 $\langle I \rangle$ は，

$$\langle I \rangle = \frac{e \langle N \rangle}{\tau} \tag{7.28}$$

で与えられることがわかるので，τ 秒間の電気量のゆらぎは，

$$e^2 \left\langle (N - \langle N \rangle)^2 \right\rangle = e^2 \langle N \rangle = e \langle I \rangle \tau \tag{7.29}$$

となる．したがって，τ 秒間に観測される電流のゆらぎは，

$$\left\langle (I - \langle I \rangle)^2 \right\rangle = \frac{e \langle I \rangle \tau}{\tau^2} \tag{7.30}$$

と表される．

τ 秒間観測を行うということは，バンド幅 $\Delta f \equiv 1/2\tau$ [7]での観測に対応しているので，結局，

$$\langle (I - \langle I \rangle)^2 \rangle = 2e\langle I \rangle \Delta f \qquad (7.31)$$

が得られる.

この議論でわかるように，ポアッソン分布が仮定されていることから，散射雑音が顕著になるのは電流値が小さいときである.

散射雑音は，流れの単位電荷に比例するため，逆に散射雑音を測定することで，分数量子ホール効果（8.5.4 項で後述）において，実際に分数電荷をもった単位電荷が電気伝導を担っていることが示された．また，上の議論では，各電流パルスの独立性（マルコフ[8]性）が仮定されていたが，逆に，散射雑音の測定から，流れのマルコフ性からのずれの相関の大きさを定量的に議論する研究も行われている.

7.6 $1/f$ 雑音

通常のゆらぎでは，観測時間を長くすることにより，相対的なゆらぎはいくらでも小さくできる．これに対して，$1/f$ 雑音の場合は，観測時間を 10 倍にしても 100 倍にしても，それにともなってゆらぎが 10 倍，100 倍となるために，相対的ゆらぎの大きさは全く変化しない．このように，時間軸を拡大してもゆらぎの構造が全く変化しない性質を**自己相似性**とよぶ．この特徴的な性質とその普遍的な性質のため，$1/f$ 雑音は昔から物理学者の興味を引いてきた．図 7.5 に実際の抵抗体の $1/f$ 雑音の例を示した.

現在，$1/f$ 雑音を理解しようとする流れは，主に，以下の 2 つだといってよいだろう.

---

7) 因子 2 が付く理由は，**サンプリング定理**による.

8) Andrey Andreyevich Markov, 1856.6.14 – 1922.7.20, ロシア.

108   7. 雑音

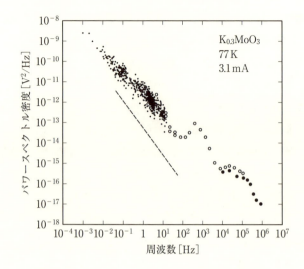

図 7.5 $1/f$ 雑音の例（$K_{0.3}MoO_3$）．ここで，破線は装置の雑音スペクトルである．10^{-3} Hz まで，$1/f$ スペクトルが観測されているのがわかる．そして，そのあたりでは，測定装置が示す $1/f$ 雑音と同程度になってきている．
(A. Maeda, et al.: J. Phys. Soc. Jpn. **56** (1987) 3598 による)

7.6.1 欠陥のゆっくりとした運動

$1/f$ 雑音が顕著になる周波数領域は，非常に低い（数 Hz あるいはそれ以下）．このような低周波の信号の起源を，物質固有の素励起に求めるのは困難である．その理由は以下の通りである．

例えば，フォノンを考えてみよう．音響フォノンの分散関係は $\omega = cq$（q は（4.55）式）となる．$\omega/2\pi = 1$ Hz であるためには，音速 c を物質中の典型的な値 10^3 m·s^{-1} とすると，$q^{-1} = 10^2$ m となって，実際の結晶のサイズを考えると，このような励起は不可能である[9]．

そこで，このような超低周波雑音の原因としてしばしば考えられるのが，結晶中の欠陥等のゆっくりとした運動である．簡単なモデルとして，欠陥が2つの極小をもつポテンシャルにとらえられているとしよう（図 7.6(a)）．

---

[9] 強磁性体のスピン波励起（マグノン）のように $\omega = dq^2$ のような素励起に対しても，同様の議論が成り立つ．波数の3乗に比例するような素励起があれば可能性は出てくるが，いまのところ，物質中でそのような素励起は知られていない．

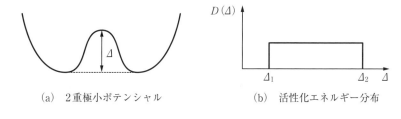

(a) 2重極小ポテンシャル　　(b) 活性化エネルギー分布

図 7.6

そして，熱ゆらぎによって欠陥が 2 つの極小を不規則に行ったり来たりする過程が電気伝導に影響を及ぼし，雑音の原因になると考えよう．

このとき，ゆらぎによる電圧変化は，**ランダム電信信号**（図 7.3 および演習問題［2］）とみなすことができて，その特徴的時間 τ は

$$\tau = \tau_0 \exp\left(\frac{\Delta}{k_\mathrm{B} T}\right) \tag{7.32}$$

のように表される．このスペクトルは，図 7.3 の中ほどにあるように，$\tau/\{1+(\omega\tau)^2\}$ になる．

結晶中では，活性化エネルギー Δ が分布 $D(\Delta)$ をもつことで τ が分布 $g(\tau)$ をもっていると考えられ，ある値 Δ_1 と Δ_2 の間で，図 7.6(b) のように，Δ が平らな分布をもつと考えるのはさほど不自然でないだろう．このとき，観測されるスペクトル $S(\omega)$ は，

$$S(\omega) = \int_{\tau_1}^{\tau_2} \frac{\tau}{1+(\omega\tau)^2} g(\tau)\, d\tau = \int_{\Delta_1}^{\Delta_2} \frac{\tau}{1+(\omega\tau)^2} D(\Delta)\, d\Delta \tag{7.33}$$

と表されるが，$D(\Delta)$ として図 7.6(b) の一様な分布を考えれば，$S(\omega) \propto 1/\omega$ が，$\omega_1 \equiv \tau_0^{-1} \exp(-\Delta_1/k_\mathrm{B}T)$ と $\omega_2 \equiv \tau_0^{-1} \exp(-\Delta_2/k_\mathrm{B}T)$ の間の周波数で観測されることになる（演習問題［3］）．

どんな結晶でも不純物・欠陥をもっているので，普遍的に $1/f$ 雑音が観測されることの説明として，この考え方は広く受け入れられている．また，一口に $1/f$ 雑音といっても，そのベキは，-1 からわずかにずれており，ずれの様子も温度などで微妙に変化するので，逆にそのことを利用して，様々な温度で測定したスペクトルから，熱活性化エネルギーの分布を実験的に求めることも行われている[7]．

110 7. 雑 音

7.6.2 非平衡に固有のゆらぎ

抵抗体の $1/f$ ゆらぎに話を限れば，それは抵抗 R が熱平衡状態でゆらいでいるためであることが実験的に明らかにされている．揺動散逸定理によれば，抵抗 R は熱平衡状態でのゆらぎが決定していたことを思い起こすと，$1/f$ ゆらぎはゆらぎのゆらぎであるということになり，揺動散逸定理が記述していない問題を扱わなければならなくなる．したがって，$1/f$ 雑音の問題は単にデバイスの雑音の問題ではなく，非平衡統計力学の根幹にふれる問題であり，さらには，"熱平衡状態とは何か" について考え直さなければならなくなるとの指摘もある[8]．

一方，自己相似性はカオスなどにしばしばみられる顕著な性質であるために，$1/f$ ゆらぎをカオスなどとの関連で捉えようとの見方もある．

いずれにしても，$1/f$ ゆらぎのもつ問題は極めて奥が深い．

演 習 問 題

［1］ (7.12), (7.13) を導出せよ．

［2］ 1 と -1 の2値をランダムに飛び移り，特に，その遷移確率がポアッソン分布に従うものを**ランダム電信信号**（Random Telegraph Signal : RTS）とよんでいる．ランダム電信信号 の相関関数とパワースペクトル密度を求めよ．

［3］ (7.33) の考え方で，活性化エネルギーの分布として一様なものを考えると，$1/f$ スペクトルが得られることを示せ．

第 8 章

電気伝導に関する発展的な話題

　本章では，電気伝導に関係した発展的な話題を紹介する．超伝導に関しては多少詳しく紹介するが，ページ数の制約もあり，他の話題に関しては言葉の紹介程度にとどめた．巻末で，より詳しく学ぶ際の参考書を紹介するので，興味のある読者はぜひ参照してほしい．

8.1　非線形性（非線形伝導・非線形光学）

8.1.1　非線形伝導

　電気伝導に関するオームの法則は，電圧と電流が比例するというものであったが，第 1 章のはじめに述べたように，この関係は，印加電圧が小さいときの近似法則である．加える電圧を大きくしていくと，一般的には比例関係は成り立たなくなる．

　この状況を，電流が電圧の関数 $I(V)$ で表されるとして，マクローリン展開で表すと，

$$
\begin{aligned}
I &= I(V) \\
&= \left.\frac{dI}{dV}\right|_{V=0} V + \frac{1}{2!}\left.\frac{d^2 I}{dV^2}\right|_{V=0} V^2 + \frac{1}{3!}\left.\frac{d^3 I}{dV^3}\right|_{V=0} V^3 + \cdots \\
&= G_0 V + aV^2 + bV^3 + \cdots \quad (G_0,\ a,\ b \text{ は定数}) \quad (8.1)
\end{aligned}
$$

のようになる．すなわち，電気抵抗，あるいはコンダクタンスが，電流（電場）に対して一定ではなく，それに依存するようになる．これらを一般に，

非線形伝導とよんでいる[1]．

物質の非線形伝導の原因としては様々なものが考えられるが，以下では，その代表的なものをいくつか簡単に紹介する．

［熱い電子］

電場によって電子はエネルギーをもらって加速され，一方で，格子振動（フォノン）などによる散乱によりもらったエネルギーを失い，この両者がつり合って定常状態が実現し，それがオームの法則として表された．これに対して，電場が強くなると，このバランスが崩れ，電子系の方にエネルギーがたまるようになり，電子の温度が格子の温度に比べて高くなったような状態が実現する．この状況の電子を**熱い電子**（**ホット・エレクトロン**）という．

このような状況では，電気抵抗は電圧に依存する．どのように依存するかは，散乱のメカニズムや系の次元性によって様々であり，電気抵抗が増大す

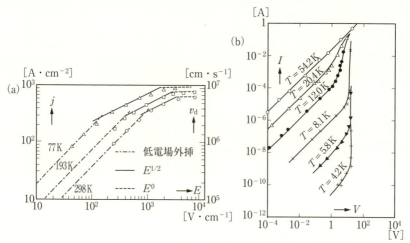

図 8.1 (a) n 型 Ge におけるホット・エレクトロンによる非線形伝導の例
(b) n 型 Ge におけるアヴァランシェ・ブレークダウンによる非線形電気伝導の例
(E. J. Ryder: Phys. Rev. **90** (1953) 766, G. Lautz: Festkorper-Probleme VI, 21 (Vieweg, Braunschweig, 1961) による)

---

1) ここで，試料の温度は常に一定であるとする．試料の電気抵抗が温度によって変化するという場合，かける電圧を大きくしていくと，発生するジュール熱が大きくなり，試料の温度が上昇する．それによって抵抗が変化し，見かけ上，オームの法則からはずれて，非線形伝導が起こっているようにみえてしまうような場合は，ここでは除外する．

8.1 非線形性（非線形伝導・非線形光学） 113

る場合も減少する場合もある.

ホット・エレクトロンが発生するためには，電子の移動度 μ ($\boldsymbol{v} \equiv \mu\boldsymbol{E}$) が大きいことが必要条件といってよい．その上で，数百 V・cm^{-1} から数 kV・cm^{-1} の電場を加えた状況で，ホット・エレクトロンが発生する．ジュール熱による温度上昇がない状況でこのような高電界を加えることが可能なのは，半導体・絶縁体に限られる（図 8.1(a)）.

上記はバルク（8.6.1 項）結晶を念頭に置いたが，実際は，電場分布が一様でない半導体デバイスにおいて，ホット・エレクトロン（あるいは，ホールの場合も考慮して，ホット・キャリヤー）はより身近に発生する．電界効果トランジスタ（FET）（図 8.13（後出））では，ドレイン端で電場強度が特に強いため，ホット・キャリヤーが発生し，それゆえにデバイス動作の信頼性低下の原因になる．そのため，これを防ぎ，デバイス特性を改善する工夫が必要となる．一方で，ホット・キャリヤーの高エネルギーを積極的に利用して，情報の書き込みを行うことが，フラッシュメモリーなどでは行われている．

［衝突イオン化］

半導体や絶縁体では，別のタイプの非線形伝導が起こることもある．例えば n 型を想定しよう．高電場下では，キャリヤーが格子を構成する原子・分子に衝突する際のエネルギーが高くなるので，キャリヤーの衝突により，衝突された原子・分子から電子が飛び出して，イオン化が起こる（**衝突イオン化**）．この過程により，電子の数が急激に増大する．増大した電子は，同様に，高電場からエネルギーをもらい，さらなる電子数の増大を引き起こす．このような現象を**電子雪崩**とよぶ.

電子雪崩が起こると，当然，電流は急激に増大し，電流 - 電圧特性でみると，電圧軸にほとんど垂直なものが得られる．このような状況が**雪崩降伏**（**アバランシェ・ブレークダウン**）とよばれる状況である（図 8.1(b)）．この現象がダイオードにおいて起こる場合は，定電圧回路に利用される[2].

---

2) ダイオードでは，ツェナー効果（第 3 章の 3.1.2 項）により，同様のブレークダウンを示す電流 - 電圧特性が逆バイアスで得られ（**ツェナー・ダイオード**），そのブレークダウン電圧は 5〜6 V である．これに対して，電子雪崩によるブレークダウン電圧はそれよりもやや高い．したがって，より高電圧の定電圧回路として利用される．しかし，実際は両者がほぼ同時に起こることもしばしばである.

[微分負性抵抗]

高純度の GaAs においては,図 8.2(a) に示すような,横 S 字型の電圧 - 電流特性が得られることがある.S の字の真ん中の傾きが負の領域は dV/dI が負,すなわち**微分負性抵抗**とよばれるものをもつ.微分負性抵抗をもつ理由は,GaAs 特有の電子状態の構造にあるが,それについては参考文献に譲り,ここでは割愛する[3],[4].微分負性抵抗が生じる領域は,図 8.2(b) のように不安定であり,実空間で,電場の強い領域と弱い領域に分かれ,高電場領域が図 8.2(b) のように試料中を移動していく(**ガン**[3] **効果**[5]).このことを利用して,マイクロ波領域の発振器として利用されている(**ガン発振機**)[4].

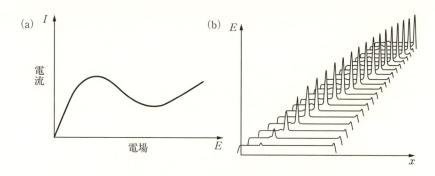

図 8.2 (a) 高純度 GaAs の微分負性抵抗の模式図
(b) 高電場ドメインが試料内を移動していく様子

8.1.2 非線形光学

分極 P も,強度の強い電場に対しては,一般には非線形になり,

$$P = P(E) = \left.\frac{dP}{dE}\right|_{E=0} E + \frac{1}{2!}\left.\frac{d^2P}{dE^2}\right|_{E=0} E^2 + \frac{1}{3!}\left.\frac{d^3P}{dE^3}\right|_{E=0} E^3 + \cdots$$

(8.2)

---

3) John Battiscombe Gunn, 1928.5.13 - 2008.12.2, イギリス.
4) 図 8.2(a) を 90 度回転させたような S 字型の電流 - 電圧特性を示す半導体もある.この原因となっているのは,上で述べた衝突イオン化であると考えられている.ガン効果の電流 - 電圧特性を**電圧制御型**というのに対して,このような場合は,**電流制御型**という.

$$= \epsilon_0 E + \epsilon_2 E^2 + \epsilon_3 E^3 + \cdots \tag{8.3}$$

のように表される．したがって，物質の誘電率（あるいは，屈折率や吸収率）などのパラメーターが，やはり一定でなくなり，電場に依存するようになる．中でも，光が物質との相互作用の結果として示す上述のような非線形性を扱う分野を**非線形光学**とよぶ．

上式の非線形性を示す物質に，例えば $E = E_0 e^{-i\omega t}$ の交流電場を加えると，2ω, 3ω の成分が出力に現れる．このことを利用すると，波長の変換ができることになる．短波長の光を直接発生させることが困難なレーザー光では，この非線形性を利用した**高調波発生**により，短波長の光をつくりだしている．

8.2 物質の秩序状態と非線形伝導

この節では，物質が低温で示す種々の秩序状態でのみ観測される特異な非線形伝導について紹介する．

8.2.1 秩序相と相転移

自然はエネルギーの低い状態を好む．これは物理学的には，有限温度では，温度一定の熱浴中では自由エネルギー（$F \equiv E - TS$ または $G \equiv E + PV - TS$）が極小になるような状況が選択される，というように表される（S はエントロピー）．この熱力学の法則を物質に当てはめると，物質の温度を下げて，熱的混沌を取り除いていくと，物質を構成している電子や格子などの相互作用の影響が顕著になってきて，エントロピー項 $-TS$ を得する効果よりも，内部エネルギー E を得する効果の方が勝り，様々な，秩序だった状態が実現する．

例えば，電子のスピンが向きをそろえる，強磁性，反強磁性などの状態などがそうである．この場合は，第6章で述べたように，スピンの間に，**交換相互作用**とよばれる，電子間のクーロン相互作用とパウリ原理の組み合わせに起因する効果が，スピンの向きをそろえる原因となっている．

秩序だった状態の方が，無秩序の状態よりも内部エネルギー E は低い．

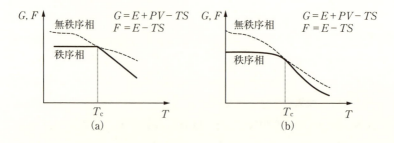

図 8.3 自由エネルギーの温度依存性
 (a) 1次相転移が起こる場合
 (b) 2次相転移が起こる場合．実線が，実際に実現する状態のエネルギー．

しかし，高温では，エントロピー項 TS を大きくすることにより自由エネルギーを下げるという方が優勢であるので，温度を下げない限り，秩序だった状態は実現しない．

多くの場合，無秩序な状態から秩序だった状態への移り変わりは，ある温度 T_c で起こる．T_c の上下の各状態を**相**とよび，T_c での移り変わりを**相転移**とよぶ．

図 8.3(a)のように，転移温度において自由エネルギーの傾きが不連続に変化する場合，すなわち，自由エネルギーの1次微分に不連続がある場合を**1次相転移**，図 8.3(b)のように，1次微分は連続だが2次微分に不連続がある場合を**2次相転移**とよぶ（n 次相転移の概念は，エーレンフェスト[5] により導入された）．

1次転移の場合は転移において潜熱を伴うのに対して，2次転移では，比熱 $c \equiv -T(\partial^2 F/\partial T^2)$ に飛びが現れる．固体が液体に，液体が気体になるのは1次相転移であるのに対して，上述の強磁性や反強磁性の場合は2次相転移である．

8.2.2 密度波の滑り運動

物質が低温で示す秩序状態の中で，本書のテーマである電気伝導に関係す

---

5) Paul Ehrenfest, 1880.1.18 - 1933.9.25, オーストリア→オランダ．

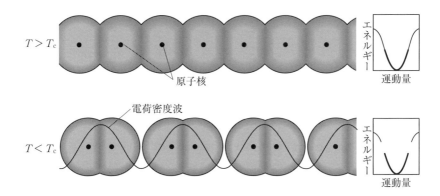

図 8.4 電荷密度波とパイエルス転移．上が電荷密度波を発生していない状態とそのバンド図．下がパイエルス転移を起こし，フェルミ面にエネルギーギャップができた電荷密度波状態．
(ベクゴー，ジェローム：「新材料（別冊サイエンス）」（日経サイエンス社）による)

るものの1つに**電荷密度波**（CDW：Charge-Density Wave）が挙げられる．これは広義には，文字通り，電子密度が図 8.4 の下図のように空間的に濃淡をもつ状態であるが，ここでは，その中でも，フェルミ面の低次元性が成因になっているものを取り上げる．

物質は3次元の空間（正確には4次元の時空）の中で3次元的な広がりをもっているが，電気の流れやすさ，すなわち，電子の運動のしやすさという観点からは，特定の面内方向に電気が流れやすく，他の方向では，電気の流れやすさ（電気伝導度）が桁違いに小さい物質，さらには，特定の一方向のみ電気が流れやすく，それ以外の方向では電気伝導度が桁違いに小さい物質がある．前者を**擬2次元物質**，後者を**擬1次元物質**とよび，両者を総称して，**低次元物質**とよぶ[6]．

天然にもそのような大きな異方性をもつ物質は存在するが，時代が進むにつれて，人工的に様々な低次元物質が合成されるようになるのと並行して，低次元物質の研究が盛んに行われるようになった．第6章で紹介した，高温超伝導体の母物質 La_2CuO_4 も，典型的な擬2次元物質である．

---

6)「擬」は，もちろん，実際は3次元的な広がりがあり，どの方向にも電気伝導が起こるということを表したものだが，「擬」はしばしば省略される．

118   8. 電気伝導に関する発展的な話題

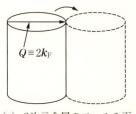
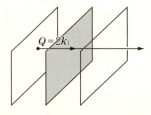
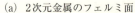

(a) 2次元金属のフェルミ面　　(b) 1次元金属のフェルミ面　　図8.5

第2章で紹介したバンド理論によれば，低次元物質の電気伝導が起こりにくい方向では，有効質量が大きい，すなわちバンドが平らであることになる．具体的に，2次元・1次元の金属のフェルミ面を描くと，図8.5のようにそれぞれ，円柱，2枚の板となる．

このようにフェルミ面に平らな部分があると，電子系は，ある方向の波数 $2k_F$（波長 π/k_F）のポテンシャルに対して，大きな密度ゆらぎを発生する不安定性をもっている（パイエルス[7]不安定性）[6]．具体的には，結晶格子のダイナミックな変形がこのポテンシャルとして作用し，電子系も歩調をそろえて，同じ波長の非常に大きな密度ゆらぎを発生し，それを受けて格子も復元力を失い，やがては，電子・格子が一体となった静的な密度波を発生してしまう傾向がある．このようにして発生した静的な電子・格子変形の波を，狭義のCDWとよんでいる．

CDWは電子線回折・X線回折の方法や，走査トンネル顕微鏡（STM）などでみることができる．ただし，前者では，電子密度の濃淡を直接観測しているというよりも，同時に発生している格子変形を観察していることになる．CDWが発生した状態では，新たな周期 π/k_F が発生しているので，バンドギャップができたのと同じ理由で，$\pm \pi/(\pi/k_F) = \pm k_F$，すなわち，ちょうどフェルミ面のところにエネルギーギャップができる（図8.4の下右）．ギャップの発生により，電子系のエネルギーは下がるが，密度波が発生したことによる弾性エネルギーは増加する．それを評価すると，全体としてはエネルギーが低下し，CDW状態は安定な秩序状態であることがわかる．

---

7) Rudolf Ernst Peierls, 1907.6.5 - 1995.9.19, ドイツ・イギリス．

8.2 物質の秩序状態と非線形伝導

電気伝導という観点からは，CDW が発生した状態ではフェルミ面にギャップができてしまったので，もともと金属であったものが絶縁体（半導体）になってしまう．すなわち，密度波の発生により，金属－絶縁体転移が起こる（**パイエルス転移**）．これだけならば，電気伝導の観点からは，何も面白いものがない．しかし，ここまでの話は，個々の電子の伝導に関する議論であった．

実は CDW の状態では，それに加えて，CDW 自身が集団的に直流の電気伝導の担い手になることができる．上述のように，CDW の周期は電子の数（バンドの占有度）で決まっているので，元の格子の周期とは基本的に特別な関係はない（**非整合**）．したがって，密度波全体としてみた場合，密度波が格子に対して相対的にどの位置にあっても，エネルギーは変わらない．すなわち，CDW は格子に対して自由に動くことができる．

こうして，密度波は全体として直流の電気伝導の担い手となることができる．これを CDW の**滑り運動**（スライディング）といい，フレーリッヒ[8] が考えた超伝導の機構でもあった[(7)]．

この考え方は，微視的解析により，並進対称性を破るものが何もない理想的な場合は，その正当性が確認されているが，一方で，CDW は不純物や欠陥などにより容易にピン止めを受けてしまうことも明らかにされた[(8)]．この場合，CDW は，ピン止めエネルギー（周波数）の周辺に共鳴構造をもつ伝導度を示す（図 8.6）．このような場合，CDW を直流の伝導に寄与させるためには，ピン止めを外すだけの電場をかける必要がある．

図 8.7 は NbSe$_3$ という擬 1 次元物質で，実際に観測された CDW による直流電気伝導（スライディング）の例である．

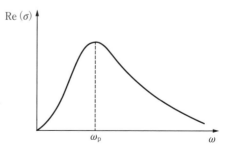

図 8.6 ピン止めされた CDW の交流伝導度

---

8) Herbert Fröhlich, 1905.12.9 - 1991.1.9, イギリス．

120   8. 電気伝導に関する発展的な話題

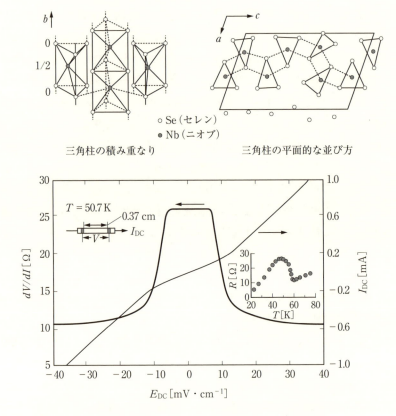

図 8.7 NbSe$_3$ の結晶構造および，そこで観測された非線形伝導
（内野倉國光・前田京剛：「擬一次元物質の物性」（共立出版），R. M.
Fleming and C. C. Grimes: Phys. Rev. Lett. **42** (1979) 1423 による）

　この物質は，NbSe$_6$ の三角プリズムが連なって1次元電子系を形成しており，144 K 以下で二度の CDW 転移を起こす．CDW 状態では，1次元鎖の方向にのみスライディングが観測される．電場を少しずつ強くしていくと，あるしきい電場 E_T 以上で CDW が伝導に参加するために，非線形伝導が観測されている．

　特徴的なことは，スライディングが始まる電場 E_T が数 mV・cm^{-1} と，8.1.1項で紹介した非線形伝導に特徴的な電場よりも桁違いに小さいことである．これは，CDW が距離 L にわたる巨大なドメインとして，1つの自由

度として振る舞っていることの現れである.すなわち,ピン止めエネルギーを $\hbar\omega_p$ とすると,$\hbar\omega_p \sim eLE_T$ であると考えられるので,$\omega_p \sim 10\,\mathrm{GHz}$,$E_T = 10\,\mathrm{mV\cdot cm^{-1}}$ とすると,$L \sim 1\,\mu\mathrm{m}$ となり,実際に物質科学の問題としては異例に大きな長さであることがわかる[9].

CDW の滑り運動に関する詳細については,巻末で文献を紹介したので,そちらを参照されたい.

同じ擬1次元系でも,電子間のクーロン相互作用が強い場合は,CDW の代わりに,**スピン密度波**(SDW:Spin-Density Wave)が形成されることが知られている.SDW は文字通り,電子密度は一様だがスピン密度が波長 π/k_F で静的に波打つ状態で,上向きスピンの CDW と下向きスピンの CDW

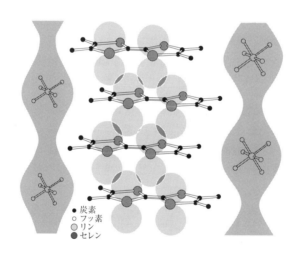

図 8.8 $(\mathrm{TMTSF})_2\mathrm{PF}_6$ の結晶構造.図の真ん中の平板上の分子が TMTSF とよばれている分子であり,これが積層することで,擬1次元電子系を形成している.分子の上に示されている薄い円は電子雲を表している.両端に描かれているのが PF_6 であり,PF_6 から TMTSF に電子の移動があるため,PF_6 の周りの薄い雲は正電荷の雲を表している.TMTSF 分子の端の炭素原子のところは,実際は炭素ではなく CH_3 だが,この水素原子は図には描かれていない.(ベクゴー,ジェローム:「新材料(別冊サイエンス)」(日経サイエンス社)による)

---

9) CDW が動いている状態でのドメインの大きさは,条件が整えば,$10\,\mu\mathrm{m} \sim 100\,\mu\mathrm{m}$ にもなることが知られている[10].

122   8. 電気伝導に関する発展的な話題

を半波長ずらして重ね合わせたものとみなすことができる．したがって，SDW に対しても，すぐ上で述べた機構を考えることができ，実際に，有機擬 1 次元物質 (TMTSF)$_2$PF$_6$（図 8.8）[11] がその典型例である[12]．しかし，CDW に比べて，データの蓄積も少なく，その詳細は CDW ほどよくは理解されていない．

特に，SDW は，電子間の交換相互作用が密度波を形成する原因であるので，格子変形を引きずっておらず，その有効質量はほぼバンドの有効質量であろうと期待された（CDW では自由電子の質量の数百倍）．そのような場合は，スライディングにも量子効果が期待されるが，実際の有効質量については，単純な予想と相いれない結果が報告されており，やはり，格子の変形を無視することができないものと考えられている．

8.2.3 他の電荷秩序状態での非線形伝導

上述の，狭義の CDW，SDW の他に，物質は様々な電荷の秩序状態を示す．それらにおいても，秩序状態が集団的に電気伝導に参加することが知られており，この伝導形態は，低次元系，特に擬 1 次元的な物質において，かなり普遍的な現象とみなすことができる．

ここでは，1 つだけ紹介しよう．電子間のクーロン相互作用が強く，また電子の濃度が薄いと，第 6 章の 6.2.3 項で議論したモット転移に加えて，電子が規則的に並ぶ結晶化が起こると考えられている．これが**ウィグナー**[10]**結晶**とよばれるものである．ウィグナー結晶に対してもスライディングが考えられ，実際，ヘリウム（電子の代わりにヘリウム原子がウィグナー結晶をつくる）[15]，GaAs/AlGaAs 界面に形成される電子系（2 次元ウィグナー結晶）[16]，Sr$_{14}$Cu$_{24}$O$_{41}$[13]（図 8.9）（スピン梯子系とよばれる 1 次元ウィグナー結晶）[17] などでも実験的に観測されている．

このような秩序状態の集団的電気伝導は，物性分野を離れて，より一般的に，非線形性，内部多自由度，ランダムに配置された不純物によるランダムポテンシャルによるピン止めを有する系を外力で駆動したときの運動状態

---

10)   Eugene Paul Wigner, 1902.11.7 – 1995.1.1, ハンガリー．

8.3 非局所性（異常表皮効果） 123

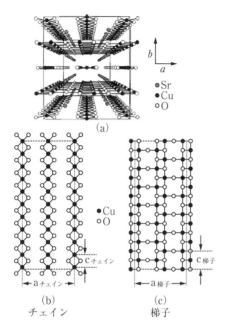

図 8.9 スピン梯子系 $Sr_{14}Cu_{24}O_{41}$ の結晶構造. 一見複雑な構造であるが, Cu と O からなる 1 次元チェインと梯子部分の組み合わせからできていて, (a) はそれを 1 次元的な連なりの上から見た図, (b), (c) はそれぞれ, チェイン, 梯子の連なりのみを抜き出した図である. この中で, 梯子上にある電子が 1 次元のウィグナー結晶を構成していると考えられている.
(S. Carter, *et al.*: Phys. Rev. Lett. **77** (1996) 1378, M. Uehara, *et al.*: J.Phys. Soc. Jpn. **65** (1996) 2764 による)

や, その動的相図を議論するという, 物理学の重要な問題の一部でもある. さらには, レオナルド・ダ・ヴィンチ[11] 以来の問題である, 界面摩擦の物理学の問題へもつながる[18].

8.3 非局所性（異常表皮効果）

電気伝導度 σ の金属に周波数 ω の電磁波が入射すると, 表面からの深さを x としたとき, 電場 $E(x)$ は, $E(x) = E_0 e^{-x/\delta}$ のように減衰する. ここで, δ は**表皮厚さ**とよばれ, 交流電磁場が金属に侵入できる表面領域の厚みの目安を与えるもので,

$$\delta = \sqrt{\frac{2}{\mu_0 \omega \sigma}} \tag{8.4}$$

---
11) Leonardo da Vinci, 1452.4.15 – 1519.5.2, イタリア.

である（μ_0 は真空の透磁率）.

このように，金属（導体）では表皮厚さ δ 程度の領域にしか電磁場が存在できないという現象が**表皮効果**である（付録の A4.1 を参照）. 表皮厚さは，物質内部においても重要な役割を果たす.

簡単のために，交流電場に対する電気伝導を古典ドルーデ・モデルで考えてみよう. 電子は，平均して l の距離（平均自由行程）ごとにイオンに衝突する. これまでのすべての議論は，この衝突から衝突までの間，電場の大きさが変化しないということが前提となっていた. ところが，非常に純度の高い試料で平均自由行程が長くなると，それは表皮厚さと同程度，あるいはそれを超える. このような状況では，衝突から衝突までの間で，電場の大きさが変化してしまい，ある場所 r における電流をその点の電場だけで表すことに意味がなくなってしまう. このような場合は，r における電流 $j(r)$ は，r の周辺 l の範囲内の寄与を加え合わせたもの，すなわち**非局所的**になる.

非局所的な場合のオームの法則の一般化はチェンバース[12] によって行われ，

$$j(r) = \frac{3\sigma}{4\pi l} \int \frac{R}{R} \frac{\{(R/R) \cdot E(r')\}}{R^2} e^{-R/l} \, dr' \qquad (R \equiv r - r', \ R \equiv |R|)$$

$$= \frac{3\sigma}{4\pi l} \int \frac{R\{R \cdot E(r')\}}{R^4} e^{-R/l} \, dr' \tag{8.5}$$

が得られている[19]. このような状況での表皮効果を**異常表皮効果**とよぶ.

高純度の伝導体試料においては，特に低温で，しばしば異常表皮効果を考慮しなければならなくなる.

8.4 メゾスコピック系

8.4.1 メゾスコピックとは？

半導体デバイス開発競争の中で，微細加工技術や原子層レベルのきれいな試料を作製する技術が確立し，それらが物性研究にも応用されるようになっ

---

12) Robert G. Chambers, 1924 - 2016.12.17, イギリス.

8.4 メゾスコピック系　125

た．そのような背景から生まれた新しい分野・現象から，2つの話題を紹介する．

　最初に本節で紹介するのが，**メゾスコピック系**といわれる分野の物理学である．メゾスコピックとは，原子間隔レベルの長さを意味するミクロスコピックと巨視的を意味するマクロスコピックの中間の長さの尺度を表す言葉で，具体的には，μm 程度の長さを表している．原子のスケールに比べればはるかに長いメゾスコピックな距離でも，5.2 節の**アンダーソン局在**で登場した位相緩和長 L_ε と同程度あるいはそれ以下になる．

　微細加工技術の進化により，現実にメゾスコピックなサイズの試料が作製されるようになってくると，試料全体にわたり波動関数の位相情報が保たれ，電気伝導において波動関数の干渉効果が基本的役割を担うようになる．

　ここまでは，依然として，衝突から衝突までの平均距離である平均自由行程 l は試料サイズ L より十分短く，電子の運動は不純物散乱を繰り返しながらの量子拡散的なものであるという考え方が大前提になっていたが，メゾスコピック系では，場合によっては，平均自由行程 l が試料サイズ L と同程度，あるいは，それよりも大きくなる場合も出てくる．このような場合，試料の一方の端から入射した電子は，他方の端まで散乱を受けずに到達することが可能になる．そこで，このような状況を**バリスティック伝導（弾道的伝導）**とよぶ．バリスティック伝導では，試料の形状などの境界条件が電気伝導に本質的影響を及ぼす．

8.4.2　ランダウアー公式

　電気伝導が拡散的であるにせよ，バリスティックであるにせよ，メゾスコピック系では，電気伝導を完全に電子波の伝播として考えなければならない．このような状況の電気伝導を定式化したのが，**ランダウアー**[13] **公式**[20]といわれているものである．

　いま，図 8.10 のような状況を考える．すなわち，1 次元的な試料の両端にリード線が付き，さらにその端に電極が付いている．試料の長さは，位相

---

13)　Rolf Landauer, 1927.2.4 - 1999.8.28, アメリカ.

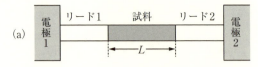

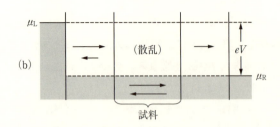

図 8.10 電位差のある 1 次元的試料における波の透過（長岡洋介・安藤恒也・高山一：「局在・量子ホール効果・密度波」（岩波書店）による）

緩和長 L_ε よりも短く，試料内部での非弾性散乱は考えなくてよいとする．さらに，リード線では一切の散乱が起きず，一方で，電極では，電子は非弾性散乱を受けて平衡状態にあるとする．

電極 1, 2 の化学ポテンシャルをそれぞれ $\mu_1, \mu_2 (\mu_2 > \mu_1)$ とすると，電位差 V は，$V = (\mu_2 - \mu_1)/(-e)$ である．試料中には，電子波が左右から入射してくるが，μ_1 以下のエネルギーの電子は左右で打ち消し合い，正味の電流に寄与するのは，それ以上の，幅 eV のエネルギーの電子である．

1 次元での状態密度は，片方のスピン当たり，$1/\pi\hbar v_F$ で与えられるので[14]，単位時間当たりに左向きに入射する電子数 N は，$N = 2 \cdot (1/2) \cdot (eV/\pi\hbar v_F)$（2 はスピンの縮退，1/2 は片側方向のみ）となるので，透過係数を T とおけば，電流 I は $I = (-e)TN = -(2e^2/h)TV$ となる．

右向きを正にとり，また入射チャネルが複数あるときはチャネルに対する和をとるとすると，結局，コンダクタンスが，

$$G = 2\frac{e^2}{h}\sum_i T_i \tag{8.6}$$

と表される．これが**ランダウアー公式**である．

バリスティックな試料では，試料表面に薄い絶縁体を挟んで電極（**電界効果トランジスタ構造**の**ゲート電極**とよぶ）を付け，ゲート電圧を変化させることで，試料内電子波の通過するチャネルを 1 つずつ変化させることがで

---

14) 第 2 章の演習問題［6］を参照．

き，そのときに，コンダクタンスが大きさ $2e^2/h$ で階段状に変化する．このように，ランダウアー公式は実験でも検証されている．

メゾスコピック系の電気伝導を定量的に議論する場合は，このランダウアー公式が出発点になる．

8.4.3 AB効果と普遍的コンダクタンスゆらぎ

メゾスコピック系では，電子波の干渉による特徴的な現象が電気伝導にも現れる．その最もわかりやすいものが**AB効果**である．AB効果については付録のA3.3で紹介するが，2つの経路を伝わる波が干渉し，経路長の差で囲まれる領域の磁場を変化させると，干渉波の強度が周期的に変化する現象である．メゾスコピック系では，図8.11のような形のリングをもつ試料をつくると，固体内の電子波でAB効果が観測できてしまうのである．この試料では，磁場を変化させたとき，0.0076Tの周期で抵抗が振動している．試料サイズを考慮すると，これは磁束量子 h/e（h はプランク定数，e は電子の電荷の大きさ）の周期の振動に相当することがわかる．

さらに特徴的な現象が，本項のタイトルの中のもう1つの**普遍的コンダクタンスゆらぎ**（UCF：Universal Conductance Fluctuation）である．実際の例を図8.12に示す．この図は，AuPdの短冊（直方体）状の試料のコンダク

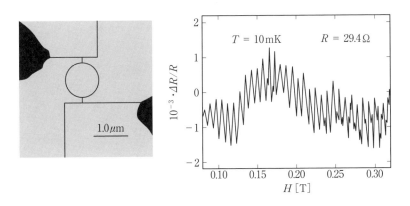

図8.11 リングをもったメゾスコピックな試料（厚さ $0.038\,\mu\mathrm{m}$，線幅 $0.04\,\mu\mathrm{m}$ の金）と，そこで観測された AB 効果による抵抗の振動．
(R. A. Webb, *et al.*: Phys. Rev. Lett. **54**（1985）2696 による）

128   8. 電気伝導に関する発展的な話題

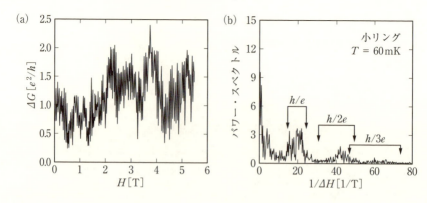

図 8.12　普遍的コンダクタンスゆらぎ
(S. Washburn, *et al.*: Phys. Rev. **B32**（1985）4789 による)

タンスを，磁場を変化させながら測定した結果である．縦軸は，e^2/h を単位としたコンダクタンスの変化を，磁場ゼロのときの値をゼロとして描いたものである．磁場による変化は複雑で，第 7 章で述べた雑音（ゆらぎ）のようにみえる．ただし，同じ試料では何度実験を繰り返しても変化のパターンは同じになるので，「ゆらぎ」といっても通常の雑音とは全く意味が異なる．

様々な試料で実験を繰り返すと，試料ごとにパターンは異なるが，驚くべきことに，その変化の大きさ（幅）は，いつも，およそ e^2/h であることがわかった．このため，この現象を**普遍的コンダクタンスゆらぎ**とよぶようになった．

磁場に関するフーリエ変換を行った図 8.12(b) をみると，さらに驚くべきことに，磁束量子 h/e とその整数倍の逆数（フーリエ変換なので）に相当するところに成分が出ていることがわかる．このことから，一見雑音のようにみえる図 8.12(a) も，メゾスコピック系ゆえの電子波の干渉の結果として現れるもので，AB 効果の延長にある現象と理解されるが，変化の幅が常に約 e^2/h になることを示すには，ランダウアー公式に基づく微視的計算などの助けを借りなければならず，直観的な説明は難しい．

8.5 量子ホール効果

8.5.1 半導体界面における電子系の整数量子ホール効果

半導体デバイスの開発技術がもたらしたもう 1 つの産物が，清浄界面や極薄膜の積層構造である．Si のような半導体の表面に酸化膜（SiO₂）を形成し，それを介してゲート電極を付けて，文字通り，Metal-Oxide-Semiconductor 構造（**MOS 構造**）（図 8.13(a)）を作製する．

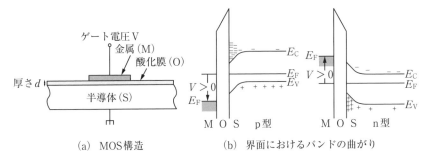

(a) MOS 構造　　　(b) 界面におけるバンドの曲がり

図 8.13

このような構造の界面では，フェルミ準位（化学ポテンシャル）が等しくなるように真空，あるいは他の物質との接続が起こるためにバンドの曲がりが生じる（図 8.13(b)）．これに加えて，さらにゲートに電圧をかけることで，バンドの曲がりを制御し，例えば，p 型の場合であれば，伝導帯の底を界面から十分離れた部分での価電子帯のトップよりも下にもってくることができ，界面には電子がたまる．また，n 型であれば，類似の手続きで，価電子帯のトップを界面から十分離れた部分での伝導帯の底より上にもってくることができ，界面には正孔がたまる．この部分を**反転層**とよぶ．

このようにして，界面に生じた反転層だけに電子が存在する，**2 次元電子系**（**2DEG**：2 Dimensional Electron Gas）が実現する．また，化合物半導体 GaAs では，この物質の結晶成長特有の事情により，さらに高品質の界面を用意することが可能である．

2 次元電子系は，(3.21) からわかるように，電気伝導度がコンダクタンスと同じ次元になるので，2 次元系の電気伝導は量子論的には特別な意味合

8. 電気伝導に関する発展的な話題

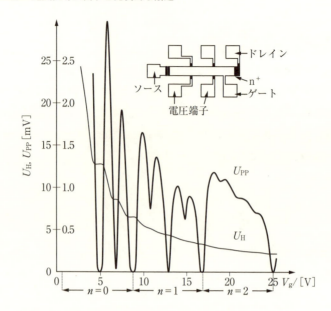

図 8.14 p 型 Si 界面における量子ホール効果の例
(K. v. Klitzing, et al.: Phys. Rev. Lett. 45 (1980) 494 による)

いが出てくることを予感させ，興味深い．さらに，これら 2DEG 系にはバルク（塊状の）試料にない特徴があって，金属であるにも関わらず，ゲート電圧を変化させることで，キャリヤー密度を幅広く変化させることができる．そして，これらの系での磁場下の電気抵抗，ならびにホール効果を測定することにより発見されたのが，**量子ホール効果**である[23]．

図 8.14 が，Si 反転層の 2DEG で観測された量子ホール効果の一例である．横軸はゲート電圧 V_g で，それを変化させたときの縦方向（電流の方向）の電圧 U_{pp} とホール電圧 U_H が縦軸である．ところどころで，ホール電圧 U_H がゲート電圧に依存せずに一定値（プラトー）になり，またそこでは，縦方向の電圧 U_{pp} がゼロになっているのがわかる．これを，電気伝導度テンソルで表すならば，ある特定のパラメーター領域で σ_{xx} がゼロになり，同じ領域で σ_{xy} が一定値（プラトー）になっていると表せる．

驚くべきは，その一定値が，量子化コンダクタンス e^2/h の整数倍になっていることである．不純物などにも大きく依存する物質の電気伝導度

（のホール成分）が，量子力学的定数のみで表されるというのは，まさに驚異としかいいようがない．

2次元系が舞台であるということ，そして，伝導度テンソルのホール成分が一定値をとるとき，対角成分はゼロになっているということから，5.2節で紹介したアンダーソン局在がどこかに関与していそうな雰囲気がある．いずれにせよ，磁場下のホール効果の量子化を扱うので，まずは，磁場下の電子系の量子論的扱いに触れざるを得ない．

8.5.2 磁場下の電子系の量子論的扱い

磁場下の電子系は，すでに3.1.3項で半古典的に扱った．そこでの結論は，電子は周波数 $\omega_c = eB/m$ で円運動（サイクロトロン運動）をするということであった．量子論では，シュレーディンガー方程式

$$\frac{1}{2m}\left(-i\hbar\nabla + e\boldsymbol{A}\right)^2\phi = E\phi \tag{8.7}$$

の固有値問題を解くことになる[24]．

いま，z 方向に一様な磁場 $\boldsymbol{B} = (0,0,B)$ を与えるベクトルポテンシャル $\boldsymbol{A}$ としては

$$\boldsymbol{A} = (0, Bx, 0) \tag{8.8}$$

のゲージを採用することにする．この形を（8.7）に代入して，得られた式をみると，z 方向には平面波，y 方向も平面波的になることがわかるので，β, k_z をそれぞれ波数の次元をもつ実定数として，

$$\phi = e^{i(\beta y + k_z z)} w(x) \tag{8.9}$$

とおくことで，

$$\frac{\partial^2 w}{\partial x^2} + \left\{\frac{2m}{\hbar^2}\left(E - \frac{\hbar^2}{2m}k_z^2\right) - \left(\beta + \frac{eB}{\hbar}x\right)^2\right\}w = 0 \tag{8.10}$$

が得られる．ここで，$x' \equiv x + (\hbar\beta/eB)$，$E' = E - (\hbar^2/2m)k_z^2$ 等の置き換えをすると，これが，調和振動子に対するシュレーディンガー方程式であることがわかる．したがって，エネルギー固有値 E は

$$E = \left(N + \frac{1}{2}\right)\hbar\omega_c + \frac{\hbar^2}{2m}k_z^2 \tag{8.11}$$

132   8. 電気伝導に関する発展的な話題

となる.

このように，エネルギーは磁場に垂直な方向に等間隔に量子化される．こ
れを**ランダウ準位**とよぶ．変数の置き換えで現れた

$$X \equiv -\frac{\hbar\beta}{eB} \tag{8.12}$$

は，古典描像のサイクロトロン運動の中心座標の x 成分と解釈でき，(8.8)
のゲージの選択が，中心の x 座標を対角化するものであることに対応して
いる．エネルギー固有値は中心座標によらないので，逆に，ランダウ準位に
は中心座標に関する縮重がある．

具体的には，中心座標 X が試料内にあるという条件から，y 方向の「波
数」β の上限が決まり，それに $1/2\pi$ を掛けることで，

$$縮重度 \equiv \frac{1}{2\pi l^2} \equiv \frac{eB}{2\pi\hbar} \quad \left(l \equiv \sqrt{\frac{\hbar}{eB}}\right) \tag{8.13}$$

が得られる．ただし，単位面積の試料で考えた．また，l は**磁気長**とよばれる，
基底ランダウ準位に相当するサイクロトロン運動の半径を表す量である．

電子系が磁場中でランダウ準位に量子化される効果は，電気伝導に，**シュ
ブニコフ**[15]**-ド・ハース**[16] **振動**として現れ，また，伝導電子の示す反磁性
（**ランダウ反磁性**：自由電子の場合は**パウリ常磁性**の $1/3$）として現れる．

8.5.3 整数量子ホール効果の理解と意義

前節でみたように，磁場中では電子のエネルギーはランダウ準位に量子化
される．電子数を一定に保ち，磁場の強さを変化させる，あるいは，磁場の
強さを一定に保ち，電子数を変化させるなどで，ランダウ準位の占有度合い
を変化させることができる．また，量子ホール効果が観測される界面の2次
元電子系では，すでに述べたように，MOS 構造をつくってゲート電圧を変
えることで，磁場を一定に保ったまま電子数を変化させることができる．

そのようにして，フェルミ準位がちょうどあるランダウ準位に等しくなっ
たとしよう．すなわち，N 番目のランダウ準位まで電子が占有し，$N+1$

---

15)　Lev Shubnikov, 1901.9.9 - 1937.11.10, ソ連.

16)　Wander Johannes de Haas, 1878.3.2 - 1960.4.26, オランダ.

8.5 量子ホール効果 133

番目のランダウ準位から上の準位はすべて空になっているとしよう．このとき，ホール抵抗 $E_y/j_x = -B/ne$ はどのようになるだろうか？

これがわかるためには，電子密度 n がわかればよい．前節で述べたように，各ランダウ準位は中心座標に関する縮重度 $eB/2\pi\hbar$ をもっていることを考慮すると，$n = N \times eB/2\pi\hbar$ になるので，ホール抵抗は，$-(h/e^2)(1/N)$ となる．ここで，電子数を変化させることを考える．実際の試料では不純物などの影響で，ランダウ準位が広がりをもっており，かつ，2 次元系ゆえに，ランダウ準位の中心の状態以外の準位の電子はアンダーソン局在している．これが，実際に $\sigma_{xx} = 0$ となって現れる．このとき，そのような局在状態にある電子はホール効果に寄与しないことが，多くの理論研究によって示されている（例えば，文献(25)〜(27)）．

したがって，上記の電子数の前後で電子数を変化させても，$\sigma_{xx} = 0$ が保たれ，また，ホール抵抗の値も，$-(h/e^2)(1/N)$ に保たれることになる．これが，図 8.14 に現れるプラトー（平坦部）であると理解できる．整数量子ホール効果については，8.6.2 項でもう一度触れる．

量子ホール効果は 1985 年のノーベル物理学賞の受賞テーマであったが，その理由は，上述の物理学的な意義に加えて，量子化ホール抵抗値がそれまでにない高精度で測定されたことから，電子と電磁場の相互作用の強さを表す自然界の重要な定数の 1 つである微細構造定数 $\alpha = e^2/\hbar c \simeq 1/137$ の精密な決定を可能にしたということ，さらに，電気抵抗の世界標準が，量子ホール効果に基づくものに変更されたということなどが挙げられる．

8.5.4 分数量子ホール効果

Si の界面よりはるかに高品質の界面が作製できる GaAs/AlGaAs の界面（異なる物質による界面構造を**ヘテロ構造**とよぶ）においては，ホール抵抗の量子化が，上述の整数分の 1 だけではなく，分数分の 1，すなわち，ホールコンダクタンスが，e^2/h の 1/3, 2/3, 2/7, 3/5, 2/5, 4/3, 5/3 などの，簡単な分数倍になるときにも起こることが発見されている[28]．これを文字通り，**分数量子ホール効果**とよぶ．

その後の研究で明らかにされたことによると，分数量子ホール効果は，

134   8. 電気伝導に関する発展的な話題

整数量子ホール効果とは対照的に，電子間の相互作用が本質的な役割を演じる多体効果であり，基底状態からの素励起には，電子の素電荷の整数分の1の**分数電荷**が現れ，この分数電荷は，フェルミ統計に従うフェルミオンでもボース統計に従うボソンでもない統計に従うエニーオンになるという[29]．エニーオンが存在できるのも，2次元電子系の特異な側面である．分数電荷の存在は，第7章の7.5節で紹介したように，散乱雑音測定により実験的に確認されている[30]．

8.6 トポロジカル絶縁体

8.6.1 トポロジカル絶縁体

電気伝導という観点から物質を分類すると，バンド構造における電子の占有のされ方により，金属か絶縁体（半導体を含む）に分けられるのであった．ところが，近年，これらのどちらでもない，新しい物質の状態が理論的に予言され，さらに，実際に知られるようになり，盛んに研究されている．それが，**トポロジカル絶縁体**とよばれるものである[31]．それは，**バルク**（物質本体のこと；界面などに対しての表現）はバンド絶縁体であるにも関わらず，表面にギャップのない（ギャップレス），すなわち，金属的な状態をもつ物質である．トポロジカル絶縁体の物理を詳細に述べることは本書のレベルをはるかに超えるので，いくつかの重要なキーワードのみを抜き出して紹介しよう．

トポロジカル絶縁体の表面状態では，上向き，下向きそれぞれのスピン偏極した電流が逆向きに流れている（**ヘリカルな状態**という）（図8.15）．この表面状態は，物質のもつ時間反転対称性に守られているため，

(1) 波数 $k = 0$ では必ず縮退があるため，ギャップレスになる．

(2) 非磁性の不純物による散乱を受けにくい．

(3) 上向き，下向きスピンの電流が逆向きに流れているので，スピンの流れがある．

といった特徴がある．

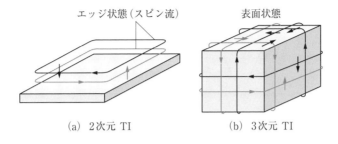

図 8.15 トポロジカル絶縁体 (TI) の表面状態と表面電流
（村上修一：表面科学, **32**（2011）174 による）

このような状況が実現するための前提条件としては，相対論的効果である**スピン−軌道相互作用**が大きいことが挙げられる．

トポロジカル絶縁体は，**Z_2 トポロジカル不変量**といわれるもので特徴づけられ，それは，2 次元では 1 個であり，0 または 1（mod 2）の 2 種類の値をとる．3 次元では，それらが 4 個で表される．それらは，バルクの性質で決まるが，バルクのバンド構造をみただけでは，その物質がトポロジカル絶縁体であるか否かは区別できず，それは，波動関数の微分幾何学的構造に依存する．したがって，具体的な物質を想定し，その波動関数に基づき，Z_2 トポロジカル不変量を計算してみてはじめて，その物質がトポロジカル絶縁体か否かが理論的にわかる．

一方，3 次元のトポロジカル絶縁体の場合，表面状態は，**ディラック・コーン**[17]

$$H = \lambda(\boldsymbol{\sigma} \times \boldsymbol{k})_z = \lambda' \begin{pmatrix} 0 & -k_x + ik_y \\ k_x + ik_y & 0 \end{pmatrix} \tag{8.14}$$

になることが知られているので（図 8.16），このスピン偏極した表面状態の分散関係を実験的に捉えることで，トポロジカル絶縁体であることの検証ができる．ただし，λ, λ' は定数，$\boldsymbol{k} = (k_x, k_y, 0)$ は 2 次元面内の波数ベクトル，

---

[17] 電子に対する相対論的量子論の基礎方程式であるディラック方程式にこの形が現れ，$\boldsymbol{k}$ 空間において円錐形になるので，ディラック・コーンとよばれている（図 8.16）．ディラック・コーンは，トポロジカル絶縁体の他に，炭素の単原子層状の物質であるグラフィーンや一部の分子性導体，鉄系超伝導体などにおいても観測されている．

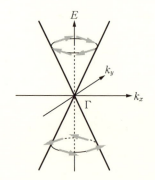

図 8.16 トポロジカル絶縁体表面のスピン偏極したギャップレスの状態の分散(ディラック・コーン)
(村上修一:表面科学, 32 (2011) 174 による)

$\boldsymbol{\sigma}$ は,パウリ・スピン行列

$$\sigma_x = \begin{pmatrix} 0 & 1 \\ 1 & 0 \end{pmatrix}, \quad \sigma_y = \begin{pmatrix} 0 & -i \\ i & 0 \end{pmatrix}, \quad \sigma_z = \begin{pmatrix} 1 & 0 \\ 0 & -1 \end{pmatrix} \quad (8.15)$$

である.

実際にトポロジカル絶縁体であることが確立している物質の代表例としては,Bi_2Se_3,Bi_2Te_3,$Bi_{1-x}Sb_x$(以上,3次元),Bi 薄膜,CdTe/HgTe/CdTe ヘテロ構造(以上,2次元)などがある.

以上のような物質の新しい状態としての興味に加えて,トポロジカル絶縁体が興味をもたれている理由の1つに,マヨラナ[18]・フェルミオン[32]がある.マヨラナ・フェルミオンとは,その生成演算子と消滅演算子が等しく,かつフェルミ統計に従うという奇妙な励起である.トポロジカル絶縁体と通常の超伝導体を付ける(接合させる)と,そこにマヨラナ・フェルミオンが現れると考えられており,その姿をとらえるべく,様々な実験が精力的に行われている.

8.6.2 再び整数量子ホール効果

表面状態やトポロジカル不変量というキーワードが出てきたところで,トポロジカル絶縁体ではないが,整数量子ホール効果について再びとり挙げよう.

前節で整数量子ホール効果の説明をしたときに,乱れにより幅をもった

---

[18] Ettore Majorana, 1906.8.5 - 1938(?), イタリア.

ランダウ準位のほとんどがアンダーソン局在していて，そのような状態は
ホール効果に寄与しないと述べた．逆にいえば，ホール効果に寄与する非局
在状態が1つはなければならない．その1個の非局在状態が，果たして，量
子化されたホールコンダクタンス $(e^2/h)\,N$ を出すのだろうか？

　このことに関して，前節では明言を避けていた．トポロジカル絶縁体の予
言（2005年）にはるか先立ち，量子ホール効果状態のホールコンダクタン
スが，

$$\sigma_{xy} = \frac{e^2}{h} \times (\text{Ch}) \tag{8.16}$$

と表されることが理論的に導かれていた[33]．ここに，Ch とあるのが，
チャーン[19]**数**というトポロジカル不変量であり，波動関数の微分幾何学的
構造に関連して決まる量である．それぞれのランダウ準位に対しては，
Ch ＝ 1 であることがわかっている．さらに，局在状態のチャーン数はゼロ
となることがわかり，Ch ＝ 1 は，幅をもったランダウ準位の中心にある非
局在状態が担う．

　この結果は，トポロジカル絶縁体における表面状態との対応から，整数量
子ホール効果状態においても，トポロジカル絶縁体の表面状態同様，2 次元
試料の端（エッジ）に電流が流れていて，それがホール抵抗の量子化を与え
ると理解されている．量子ホール効果でのエッジ状態がトポロジカル絶縁体
の表面状態と異なるのは，トポロジカル絶縁体では，上向き，下向きスピン
の電流がそれぞれ逆向きに流れている（ヘリカル）のに対して，量子ホール
効果状態では，上向き，下向きスピンの電流は同じ向きに流れている（**カイ
ラル**という）点である[20]．

　一方で，多くの実験では，量子ホール効果状態において，電流がバルクを
も流れていることが示されており，また，すでに8.5.3項においても，バル
ク電流の考え方による説明を紹介している．

　量子ホール効果状態で，電流は一体どこを流れているのか？バルクかエッ

---

19)　陳省身，1911.10.28 - 2004.12.3，中華民国，アメリカ．
20)　この意味で，トポロジカル絶縁体を量子スピンホール状態ともいう．

138   8.　電気伝導に関する発展的な話題

ジか？ということは，ビュティカー[21] がランダウアー公式を量子ホール効果に適用してエッジ描像でこの現象を説明[34] して以来，その正当性も含めて，長い間，研究者のコミュニティーで問題になってきた．もちろん，現在では，この問題は正しく理解されている[35]～[37]．

　図 8.17 は，量子ホール効果状態での電流分布の，電流を流す方向と垂直な方向（ホール電圧が発生する方向）の断面図である．図 8.17(a) は，磁場がかかっていてランダウ準位 $\epsilon_{n,k}^0$ ができているが，ホール電圧が発生していない状態，すなわち平衡状態を表している（(n, k) はランダウ準位の量子数 (8.5.2 項を参照)）．界面（エッジ）付近では準位の曲がりがあり，結果的に，平衡状態でも，磁場による反磁性電流が試料のエッジ付近を互いに逆向きに流れている．この電流 $j_0(x)$ は，

$$j_0(x) = N_0(n, k) \left(-\frac{e}{h} \right) \frac{\partial \epsilon_{n,k}^0}{\partial x} \qquad (8.17)$$

と表される．ここで，$N_0(n, k)$ は量子状態 (n, k) の占有数であり，$\epsilon_{n,k}^0 < \epsilon_F$ のときのみ 1，それ以外はゼロである．また，エッジ付近に分布する電荷により，静電ポテンシャル $U_0(x)$ が形成されている．

　次に，ホール電圧が発生している状態を考えてみよう（図 8.17(b)）．このときは，ホール電圧 $-eV_H \equiv \mu_L - \mu_R$ が発生するので，左端では電子が付け加えられ，右端では電子が取り除かれる．このため，静電ポテンシャルが変化し，また電子の固有エネルギーも変化する．それらを，$U(x), \epsilon_{n,k}$ とする．これに伴い，電流も，

$$j(x) = N(n, k) \left(-\frac{e}{h} \right) \frac{\partial \epsilon_{n,k}}{\partial x} \qquad (8.18)$$

と変化する．(8.17) の添字 "0" がすべてとれていることで，非平衡状態を表しており，$N(n, k)$ は非平衡状態で変更を受けた量子状態 (n, k) の占有数であり，各エッジにおいて，$\epsilon_{n,k} < \mu_L, \mu_R$ のときのみ 1，それ以外はゼロである．

　平衡状態との差を，

$$j_R(x) \equiv j(x) - j_0(x) \qquad (8.19)$$

と定義すると，それは，図 8.17(b) に描かれているように，試料の中ほどま

───────────────

21)　Markus Büttiker, 1950.7.18 - 2013.10.4, スイス.

8.6 トポロジカル絶縁体　139

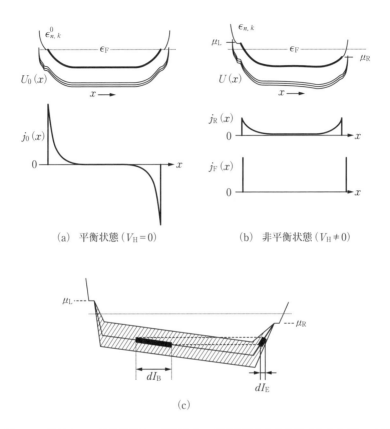

図 8.17　量子ホール効果状態での電流分布．電流を流す方向と垂直な方向(ホール電圧が発生する方向）の断面図である．平衡状態およびホール電圧が発生している状態でのランダウ準位と，エッジの電荷がつくる静電ポテンシャル，ならびに局所電流密度の場所依存性の断面図．当然のことながら，平衡状態と非平衡状態では，静電ポテンシャルが異なることに注意．この違いは非常に重要である．右側の j_R, j_F はそれぞれ，通常の意味での局所電流密度の平衡状態からのずれ，ならびに，エネルギーが μ_L と μ_R の間にある電子（あるいは正孔）のみによる正味の電流密度（詳細は本文参照）((a)および(b))．

不純物を含むためにランダウ準位にハッチングのような広がりができている場合に，バルク電流の中でエッジ近傍部を流れる電流の一部とバルク中心部を流れる電流（ともに非局在状態）の一部が相殺する様子(c)．
(S. Komiyama: *"Edge states and nonlocal effects"* in *"Mesoscopicphysics and electronics"* p. 120（T. Ando, Y. Arakawa, K. Furuya, S. Komiyama and H. Nakashima (eds.)）(Springer, 1998) による）

140   8. 電気伝導に関する発展的な話題

で分布している．すなわち，通常の意味での電流は，量子ホール効果状態でも，バルクの中ほどまでゼロではない．

これに対して，同じく非平衡状態で変更を受けた量子状態 (n, k) に対して，

$$j_{\mathrm{eF}}(x) = N_{\mathrm{eF}}(n, k)\left(-\frac{e}{h}\right)\frac{\partial \epsilon_{n,k}}{\partial x} \qquad (8.20)$$

（$N_{\mathrm{eF}}(n, k)$ は非平衡状態で変更を受けた量子状態 (n, k) に関して定義され，$\epsilon_{n,k} < \epsilon_{\mathrm{F}}$ のときのみ 1，それ以外はゼロである量）なる電流密度を定義し，

$$j_{\mathrm{F}}(x) \equiv j(x) - j_{\mathrm{eF}}(x) \qquad (8.21)$$

を定義すると，それは，同じく図 8.17(b) に描かれているように，エッジのみを流れていることがわかる．これが，ビュティカーが議論したエッジ電流である．

正味の電流が存在する非平衡状態では必ずホール電圧が発生し，電子の波動関数もそれに応じて変化している．したがって，$j_{\mathrm{F}}(x)$ を計算する際は（非平衡状態で）変化した波動関数を用いなければならない．変化した波動関数を知ることは現実には難しいのだが，幸運なことに，線形応答の範囲内では，平衡状態での波動関数を用いて，近似的に十分精度の高い $j_{\mathrm{F}}(x)$ を得ることができることが文献 (35) で示されている．

このように，ランダウアー–ビュティカーによる定式化の正当性は，ホール電圧の有無に関わらず保証されているのである．

上記をまとめると，定量的な詳細は実験状況に依存するものの，ホール電圧を発生している試料において，通常の意味での電流の多くはバルクを流れているが，8.4.2 項でランダウアー公式を議論したときに考えたような，エネルギーが μ_{L} と μ_{R} の間にある電子（あるいは正孔）のみによる正味の電流を考えると，その寄与はエッジを流れているのである．

(8.19) の $j_{\mathrm{R}}(x)$，(8.21) の $j_{\mathrm{F}}(x)$ のどちらも，試料の断面で加え合わせると，同一の正味の電流を与える．すなわち，ここでいうエッジ電流とバルク電流は定義が異なるものであり，どちらかの描像が正しくて，どちらかが誤りというようなものではない．

実際の試料では，不純物を含むために，ランダウ準位に図 8.17(c) のハッチングのような広がりができているが，このときも，バルク電流の中でエッ

ジ近傍部を流れる電流の一部 dI_E とバルク中心部を流れる電流 dI_B（ともに非局在状態）は相殺し，エッジ電流のみが正味の寄与として残る．エッジ部の電子の波動関数の広がりは磁気長（(8.13)）程度であるので，左右のエッジ状態は重ならず，互いに後方散乱を受けることなく，量子ホール効果に寄与することになる．

8.7 超伝導

8.7.1 小史

超伝導は物質が示す最も派手な電気伝導現象といってよいだろう．すなわち，多くの金属は低温に冷やしていくと，ある温度で突然に電気抵抗が消失する．これは相転移であり，その様子は，比熱などの熱力学量にも明瞭に現れる．

超伝導が発現する温度を**臨界温度**とよぶ．超伝導がはじめて発見されたのは，1911年に水銀においてであり，臨界温度 T_c は 4.2 K であった（カマリン=オネス[22]）（図 8.18）[38]．この劇的な物理現象の謎が解明されるのには約半世紀を要した（**BCS 理論**）[39]．

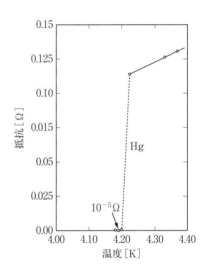

図 8.18 水銀で発見された超伝導現象

この間，物質面では，様々な超伝導体が発見され，現在では，単体の元素では，金，銀，銅などのごく一部を除く周期表の大部分の元素が超伝導になることが知られており，その意味で，いまや超伝導は特殊な現象ではない．

超伝導は電気抵抗が消失する現象であるから，**ジュール熱**を発生すること

---

[22] Heike Kamerlingh Onnes, 1853.9.21 - 1926.2.21, オランダ．

142   8. 電気伝導に関する発展的な話題

なく電気を流すことができるので，その応用には，当然大きな期待が寄せら
れ，少しでも高い温度で超伝導現象を起こすにはどうしたらよいかと誰もが
考える．水銀における最初の発見以来，臨界温度の最高値は，平均して1年
に約1度上昇してきたが，Nb_3Ge という物質で 23.6 K を記録して以来，13
年間，0.1 度たりとも臨界温度が上昇しない時期があった．この停滞を打ち
破ったのが，1986 年に出現した銅の酸化物をベースにした超伝導体であ
る[40]．

　最初に現れた $(La, Ba)_2CuO_4$ という物質では，臨界温度が 30 K 程度で
あったが，その約半年後には，$YBa_2Cu_3O_7$ という物質が液体窒素の常圧で
の沸点を超える 93 K で超伝導性を示すことがわかり，それまでは超伝導現
象の実現に高価な液体ヘリウムが必要であったのが，廉価な液体窒素で超伝
導が実現可能になり，超伝導の応用が一気に身近になった．しかし，そのこ
とのみならず，物理学的にも，BCS 理論の予想を完全に超える超伝導体と
して，全世界の物性研究者を興奮の渦に巻き込んだ（高温超伝導）．

　以来 30 年余，膨大な数の研究論文が出版されてきたが，誰もが納得する
高温超伝導のメカニズムの理解は未だになされていない．ちなみに，現在，
銅酸化物高温超伝導体の臨界温度（ゼロ抵抗温度）は 153 K に達してい
る[41]．

　この間，他にも，物理学的に興味深い様々な超伝導体が次々と出現した
が，ほとんどすべての超伝導体の臨界温度は液体窒素の沸点に達していな
い．唯一の例外が，高圧下の水素化物であり，硫化水素 H_3S が 203 K，
LaH_{10} が 260 K と，いずれも高圧下で非常に高い T_c を示す[42]．加えて，こ
の物質の超伝導は，狭義の BCS 理論で理解できるとされている．

　本書では，従来型の超伝導現象の簡単な説明と，銅酸化物高温超伝導体に
ついてのごく簡単な紹介のみをするが，その他の話題の超伝導物質や最近の
超伝導研究のトレンドについては，巻末に紹介する文献などを参照された
い．

8.7.2 超伝導現象

[ゼロ抵抗とマイスナー–オクセンフェルト効果]

巨視的立場から物理学的に最も重要なのは，ゼロ抵抗よりも，**マイスナー**[23]**–オクセンフェルト**[24]**効果**とよばれる，超伝導体が示す完全反磁性の効果である[43]．超伝導体に磁場をかけると，表面を除き，磁力線は超伝導体の内部には侵入できない．すなわち，バルク試料では，

$$\boldsymbol{B} = 0 \tag{8.22}$$

である（図 8.19(a)）．

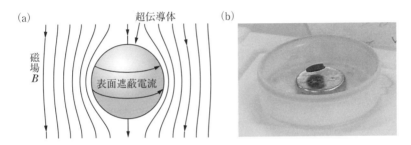

図 8.19 マイスナー–オクセンフェルト効果(a)と，それを利用した磁気浮上(b)．

物質を冷やして超伝導状態にしてから磁場をかけても，最初に磁場をかけてから物質を冷却して超伝導状態にしても，どちらでも同じ結果が得られる．このことは，マイスナー–オクセンフェルト効果が，電気伝導度が無限大ということだけから導くことのできない，超伝導体の独立した性質であることを示している．逆に，以下で示すように，マイスナー–オクセンフェルト効果を認めれば，電圧の発生なしに有限の電流が流れている状況，すなわち，「電気抵抗ゼロ」の状態をつくり出すことが可能である．

高温超伝導体の出現以来，マイスナー–オクセンフェルト効果のデモンストレーションが容易になり，液体窒素で冷却した超伝導体が磁石の上に浮いている写真をよくみかけるようになった（図 8.19(b)）．これは，排除された磁力線からの力と超伝導体にかかる重力がつり合って，定常的な浮上が実

---

23) Fritz Walther Meißner, 1882.12.16 – 1974.11.16, ドイツ．
24) Robert Ochsenfeld, 1901.5.18 – 1993.12.5, ドイツ．

現しているわけである．

[磁束の量子化とジョセフソン効果]

一定の手続きを踏むと，超伝導体のリングの内側に磁束を閉じ込めることができる．このとき閉じ込められた磁束は，ある値

$$\Phi_0 \equiv \frac{h}{2e} \quad (h\text{はプランク定数}, e\text{は電子の電荷}) \quad (8.23)$$

の整数倍になっていることが知られている（図 8.20）[44]．これを**磁束の量子化**といい，$\Phi_0 = 2.07 \times 10^{-7}\,\text{gauss}\cdot\text{cm}^2$ を**磁束量子**とよぶ[25]．

磁束量子は，電子の電荷とプランク定数という量子力学の基本定数のみを含み，かつ磁束がその整数倍になるということから，超伝導現象の本質には量子論が深く関与していることが示唆される．超伝導現象に量子論が本質的に関わっていることを示すもう1つの現象が，**ジョセフソン**[26] **効果**である[46]．

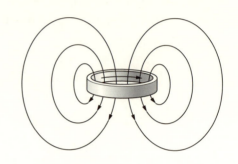

図 8.20 超伝導体のリングにトラップされた磁束は量子化されている．

図 8.21(a)は，普通に超伝導体に電流が流れていて，電圧が発生していないということを表している．この超伝導体を2つに切ると，図 8.21(b)のように，当然電流が流れなくなる．ここで，切った2個の超伝導体試料を接近させると，図 8.21(c)のように，抵抗ゼロの電流が流れるようになる．これは量子論ではおなじみのトンネル効果に他ならない．ただ，普通のトンネル効果と異なるのは，通常のトンネル効果は空隙がナノメートル程度にならないと顕著にならないのに対して，超伝導体では，空隙がマイクロメートル程度でもゼロ抵抗の電流が流れることである．

---

25) この状況ではリングに抵抗ゼロの電流（超伝導電流）が流れており，正確には，量子化されるのは，空隙に閉じ込められた磁束に，リングを流れる電流の寄与を加えた，フラクソイドとよばれる量である．量子化されているのは磁束でなくフラクソイドであるということを実験で示したのが，有名なリトル-パークスの実験である[45]．

26) Brian David Josephson, 1940.1.4 -, イギリス．

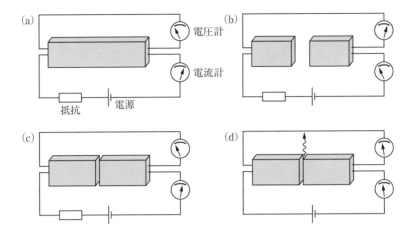

図 8.21 ジョセフソン効果の説明
(a) 棒状の試料に超伝導電流が流れている状態
(b) 棒状の試料を切断し,電流が流れなくなった状態
(c) 切断の間隙を近づけていくと,ゼロ抵抗の電流が流れる（直流ジョセフソン効果）
(d) 同じ状態で,試料と直列に入っている抵抗を外し,試料に強制的に電圧を印加すると,空隙から電磁波が出てくる（交流ジョセフソン効果）.
(ランゲンベルク,スカラピノ,テイラー：「固体物理学（別冊サイエンス）」(日経サイエンス社)による)

この電流は,両方の超伝導体の位相差 θ というのが定義できて,それを用いて,

$$I = I_c \sin \theta \tag{8.24}$$

と表すことができる.その意味するところは後ほど改めて述べるとして,この超伝導電流のトンネル効果が,**直流ジョセフソン効果**とよばれるものである.

これに対して,図 8.21(d) のように,この状況で超伝導体に電流を流す代わりに,超伝導体に電圧を加えると,空隙から電磁波が発生し,その電磁波の周波数 ν は,加えた電圧と,

$$\nu = \frac{2e}{h} V = \frac{1}{\Phi_0} V \tag{8.25}$$

のような関係で結ばれている.ここでも,磁束量子 Φ_0 が登場する.これは,位相差 θ に対する時間発展方程式

146   8. 電気伝導に関する発展的な話題

$$\hbar \frac{d}{dt} \theta = 2eV \qquad (8.26)$$

に他ならない．逆に，空隙に電磁波を与えると，（8.25）に従って直流電圧が発生する．これらが，**交流ジョセフソン効果**とよばれるものである．

現在，全世界の電圧標準は，超伝導体のジョセフソン効果を用いて定義されている．いずれにせよ，磁束量子化やジョセフソン効果は，量子論が超伝導の本質に深く関わっていることを強く示唆しており，加えて，巨視的尺度において量子論が顔を出す，**巨視的量子現象**であることを表している．

8.7.3 超伝導の理解
［ロンドン方程式］

巨視的立場から最も重要なのは，マイスナー – オクエンフェルト効果の理解である．それを目的として，ロンドン兄弟[27]は，2流体モデルの立場（超伝導体が，常伝導の成分（常流体）と超伝導の成分（超流体）から成り立っているという考え方）で，超流体による電流密度 $\boldsymbol{j}_s$ が従うべき電磁気学的方程式を提唱した[(47)]．それは，電場に対する式と磁場に対する式が，それぞれ，

$$\frac{\partial}{\partial t}(\Lambda \boldsymbol{j}_s) = \frac{1}{\mu_0} \boldsymbol{E} \qquad (8.27)$$

$$-\operatorname{rot}(\Lambda \boldsymbol{j}_s) = \boldsymbol{H} \qquad (8.28)$$

と表されるというものである．ここで Λ は正の定数である．

（8.27）は，$\boldsymbol{j}_s = n_s(-e)\boldsymbol{v}$（$n_s$ は超流体の数密度）であることを考慮すると，古典的運動方程式

$$m \frac{d}{dt} \boldsymbol{v}_s = -e\boldsymbol{E} \qquad (8.29)$$

に他ならない．すなわち，オームの法則が導かれる式において，エネルギーを捨てる項をゼロにしたものであり，超流体は，電場からエネルギーをもらって加速されるだけであることを表している．

一方，（8.28）は，アンペールの法則 $\operatorname{rot} \boldsymbol{B} = \mu_0 \boldsymbol{j}_s$ において磁場と電流の

27） Fritz Wolfgang London, 1900.3.7 - 1954.530, ドイツ，ならびに，Heinz London, 1907.11.7 - 1970.8.3, ドイツ．

役割を入れ替え，かつマイナスの符号を付けたものであることから，電流が流れていると，それを打ち消すような向きに磁場ができることを意味している．これとアンペールの法則を組み合わせれば，磁場をかける→（アンペールの法則）→電流が流れる→((8.28))→最初にかけた磁場を打ち消す向きに磁場ができる ということになり，まさにマイスナー–オクセンフェルト効果を表していることになる．

ここで，時間変化しない一定の磁場をかけた場合に限定すると，(8.27)，(8.29)において時間微分はゼロであるから，(8.27)式から直ちに，電場 $E = 0$ であることがわかる．それでは，磁場については，さらにどのようなことがわかるであろうか？

アンペールの法則 $\mathrm{rot}\,\boldsymbol{B} = \mu_0 \boldsymbol{j}_\mathrm{s}$ を第2式に代入することで，

$$\frac{d^2}{dx^2}\boldsymbol{B} = \Lambda^{-1}\boldsymbol{B} \tag{8.30}$$

が得られる．図 8.22 のように，超伝導体の表面から内部に向かう方向に z 軸を設定し，xy 面内に一定の磁場をかけた場合，超伝導体表面から内部に向かって，磁場が

$$B = B_0 e^{-z/\lambda} \tag{8.31}$$

$$\lambda \equiv \Lambda^{1/2} = \frac{m}{\mu_0 n e^2} \tag{8.32}$$

のように減衰していくことがわかる．

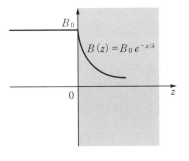

図 8.22 超伝導体での磁場の減衰の様子

λ の大きさは，数百 nm 程度になるので，バルク試料，すなわち厚みが λ より十分に大きな試料では，磁場の空間平均はほぼゼロになることがわかる．このことから，λ を**磁場侵入長**とよぶ．磁場侵入長は，超流体の密度を知るために重要な量である．

上式により磁場が空間変化している領域では，アンペールの法則によって電流が流れていて，それが顕著なのは，表面 λ 程度の領域であることがわかる．そして，すでに述べたように，その場合でも電場はゼロである．したがって，電圧の発生なしに表面に電流が流れていることになり，超伝導現象

148   8. 電気伝導に関する発展的な話題

を説明している.

すなわち,マイスナー‐オクセンフェルト効果は,磁場をかけると,それ
を打ち消すように表面に遮蔽電流が流れる現象で,この遮蔽電流こそが,抵
抗ゼロの超伝導電流に他ならないことを示している.そして,ベクトルポテ
ンシャル A を用いると,(8.28) は,

$$j_s = -\frac{1}{\mu_0 \lambda^2} A \tag{8.33}$$

と表すことができる.

このように,超伝導の電流は通常の電流とは異なり,電場,すなわちベク
トルポテンシャルの時間微分（$E = \partial A/\partial t$）によって流れるのではなく,
ベクトルポテンシャルそのものに比例する.古典電磁気学ではベクトルポテ
ンシャルは主役ではなかったが,量子論の世界ではベクトルポテンシャルが
主役となることが,この表式からもみてとれる（付録の A3.2 を参照）.

この式と運動方程式を組み合わせることにより,(8.33) は正準共役な運
動量

$$p = mv_s - eA \tag{8.34}$$

（右辺 1 項目,2 項目はそれぞれ,粒子の運動量,場の運動量）がすべての
超流体に対してゼロであることを表している.ロンドン兄弟は,これを運動
量空間における長距離秩序,または硬さとよんだ.

ロンドン方程式は,マイスナー‐オクセンフェルト効果や,抵抗ゼロの電
流が流れている状況をうまく説明しているが,物質中の電子系がなぜそのよ
うな硬さを示すかについては何も説明していない.それ以上の理解,すなわ
ち微視的な理解のターゲットは,なぜ超伝導体が (8.33) を満たすかを説明
する問題へと置き換えられることになる.

[GL のマクロ波動関数]

超伝導現象の理解に関しての次なる大きな飛躍は,ギンツブルク[28] とラ
ンダウ（GL）によるマクロ波動関数の導入であろう[48].超伝導は相転移で
あって,特に,磁場がかかっていないときは 2 次相転移である.2 次相転移
では,相転移で何らかの対称性が破れ,それに対応して,相転移温度 T_c 以

---

28) Vitaly Lazarevich Ginzburg, 1916.10.4 – 2009.11.8, ロシア.

下でのみゼロでない物理量があって，これを，相転移温度以下の秩序状態を特徴づける**秩序パラメーター**とよぶ．

例えば，強磁性体では自発磁化がそれに相当し，破れた対称性は，スピン空間における回転対称性，すなわち，ある特定の方向だけが特別な意味をもっているのである．では，超伝導現象では，何が秩序パラメーターで，どのような対称性が破れているのであろうか？

GL は，超伝導の秩序パラメーターとして，マクロ波動関数 $\Psi(\boldsymbol{r})$ を提唱した．その特徴は，電磁場に対する変換性は微視的な波動関数と全く同じ（付録の A3.2 を参照）であるとしながら，その絶対値の 2 乗が超伝導電子の数密度を与え，

$$n_{\mathrm{s}} = |\Psi(\boldsymbol{r})|^2 \tag{8.35}$$

のように表されるというものである．

このマクロ波動関数を秩序パラメーターとすることで，2 次相転移のランダウ理論[29] を用いて，磁束の量子化を含む超伝導体の様々な性質を説明することに成功した．さらに，ジョセフソン効果も自然に説明できる（演習問題［2］）．したがって，マクロ波動関数は本質的な意味をもつと考えられる．

しかしながら，量子論に出てくる通常の波動関数は電子波の確率振幅を表し，その絶対値の 2 乗は，各位置 $\boldsymbol{r}$ における電子の存在確率密度を表し，決して，実際の電子密度を与えるものではなかった．では，マクロ波動関数の正当性をどのように考えたらよいのだろうか？

いま，マクロな数（アボガドロ定数の程度：$N \approx 10^{22} \sim 10^{23}$）の粒子の集団を考えたとき，その構成粒子はそれぞれ，ある量子状態にあるわけだが，もしも，これらの粒子がみな同じ量子状態にあったとすると，体積 dv 内にある粒子の数の期待値 $|\phi(\boldsymbol{r})|^2 dv$ は実際の粒子の数にほぼ等しいと考えることができる．すなわち GL のマクロ波動関数は，超伝導状態とはマクロな数の粒子が同じ量子状態にある，ということを明確に表していることに他ならない．このような状態を，**量子凝縮状態**という．

より具体的には，各電子の波動関数 $\phi_i(\boldsymbol{r}) \equiv |\phi(\boldsymbol{r})|_i e^{i\theta_i}$（$i$ は電子の番号）

---

29) T_{c} 近傍に限定して自由エネルギーを秩序パラメーターのべき級数で表し，様々な物理量の温度依存性や磁場依存性を定量的に議論する理論．

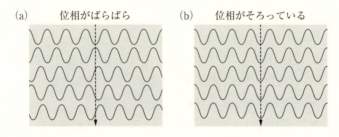

図 8.23 (a) 通常の状態（インコヒーレント）
(b) 量子凝縮状態（コヒーレント）
（「物理 II」（平成 19 年度版，東京書籍）による）

の位相 θ_i が i によらず，すべての電子で同じ値をとるとする．これを図で表すと，図 8.23(b) のようになる．こうなると，マクロな数の電子の集団も 1 つの波動関数で表されることになり，それが GL のマクロ波動関数に相当する．

このように，超伝導の状態は，すべての電子が位相をそろえて重ね合わされている秩序だった状態である．波動関数の位相がすべての電子で同じであるということは，波動関数のゲージが特定の値に固定されていることに相当し（付録の A3.2 を参照），これが超伝導状態で破れている対称性である．すなわち，超伝導状態ではゲージ対称性が破れている．

[BCS 理論]

クーパー対

前節で，超伝導現象は，マクロな数の粒子がすべて同じ量子状態を占めている現象であることを述べた．しかしながら，よくよく考えてみると，超伝導は物質中の電子が引き起こしている現象であり，その担い手である電子は，フェルミ統計に従う．フェルミ粒子はパウリ原理に支配され，同一の量子状態に入ることのできる粒子は，最大 1 個である．にもかかわらず，超伝導現象のあちこちに顔を出す量子凝縮状態としての側面をどのように考えたらよいのだろうか？

超伝導状態が量子凝縮状態であることを見抜いていた GL にとっても，どうしても理解できなかったのが，この点であったようだ．そして，この大き

な矛盾を解決するきっかけを与えたのがクーパー[30]であった[(49)]. 素粒子物理学の理論で博士の学位を取得したばかりのクーパーは, バーディーンの研究室にポスドク研究員として加わり, さっそく素粒子物理学独特の考え方で, 次のような結果を得た.

すなわち, フェルミ球の外から互いに引力相互作用している2個の電子(片方の運動量を k, スピンを σ とすると, もう片方は運動量 $-k$, スピン $-\sigma$ をもつのが最も起こりやすい)を付加すると, それらの電子は束縛状態をつくる, すなわちエネルギー固有値が $2E_F$ より小さくなり, しかもそのことは, どんなに引力相互作用が小さくとも変わらないことがわかった. この束縛状態を**クーパー対**とよぶ.

この設定では, フェルミ球の外から2個の電子を付け加えることを考えたが, フェルミ球を構成する2個の電子($k, \uparrow$ と $-k, \downarrow$)そのものに対しても同様のことが起こるので, 結局, それまで最もエネルギーが低い状態(基底状態)と考えられていたフェルミ球よりも, さらにエネルギーの低い状態がありうることが示されたことになる(フェルミ球の不安定性). 加えて, クーパー対は, 2個のフェルミ粒子の束縛状態であり, ボース粒子としての側面が出現する. これにより, 多くのクーパー対がすべて同じ量子状態を占有するというシナリオを描くことができるようになってくる.

クーパーが考察した問題は, あくまでも2電子問題であり, 超伝導現象の理解には, フェルミ球を構成する電子によるすべてのクーパー対を同等に扱った多体論的な扱いが必要なことは明らかである. そのことについて述べる前に, 電子間にはたらくと考えた引力について述べておこう.

引力の原因

電子は負の電荷をもっているので, 2個の電子間にはクーロン反発力がはたらく. すでに述べたように, それは数eV(～数万K)にも達する. 実際には, 第6章の6.1.2項で述べた遮蔽効果がはたらくが, それでも, 引力にはならない. では, どのようにして引力がはたらくのであろうか?

膨大な議論の中から生き残ったのは, 電子‐格子(イオン)の相互作用を仲立ちにした電子間の引力であった. 電子‐格子相互作用の定式化はフレー

---

30) Leon Neil Cooper, 1930.2.28 -, アメリカ.

リッヒによってなされていた．この定式化に立脚し，簡単のために1次元の系を考えて超伝導のメカニズムを考察したのが，8.2.2項で述べた，フレーリッヒの機構（CDWの滑り運動）であったが，これは肝心のマイスナー-オクエンフェルト効果

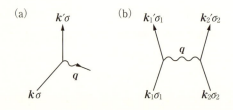

図8.24 (a) 電子-格子相互作用
(b) 電子-格子相互作用を2個組み合わせて電子間相互作用を出す．

を示さず，かつ1次元限定の機構であったため，超伝導現象の発現機構を説明したものとはいえない．しかし，フレーリッヒの定式化を活かして，図8.24のように，電子が量子状態を遷移するときに放出されたフォノンをもう片方の電子が吸収することで，その電子も量子状態を遷移する．結果として，2個の電子が相互作用したことになる．

より直観的に理解するには，図8.25が良いだろう．電子1がやってくると，その負電荷を感じて，格子のイオンが吸い寄せられて，周辺に比べて正電荷の密度が高い空間ができる．電子はフェルミ速度 $v_F \sim 10^7 \,\mathrm{cm \cdot s^{-1}}$ 程度で通過していくが，格子の歪みは，どんなに早くても，デバイ周波数（第4章の (4.52)）の逆数程度の時間で起こっているので，電子1がはるか彼方に去った後もまだ残っている．この正電荷の密度の高い空間に，電子2が引き付けられてやってくる．間に入った格子の歪みを除いて考えると，電子1の後を電子2が追っかけているようにみなすことができ，これが電子間に引力がはたらくということの内容である．

この考え方では，電子1と電子2は接近することなく，時間遅れを保ちながら相互作用している．この遅延効果が，クーロン斥力を避けて引力相互作用が可能になる

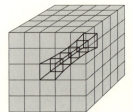 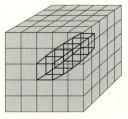

図8.25 電子-格子相互作用による電子間引力の絵解き（ベクゴー，ジェローム：「新材料（別冊サイエンス）」（日経サイエンス社）による）

8.7 超 伝 導　153

理由である.

　以上のシナリオを定式化すると, 電子 – 格子相互作用を媒介とした電子間相互作用として, 2 個の電子の固有エネルギーの差が $\hbar\omega_{\rm c}$（$\omega_{\rm D}$ はデバイ周波数 $\omega_{\rm D}$（(4.52) 式程度の角振動数）よりも小さいときは引力となることがわかる.

BCS 状態

　クーパーの議論により示された電子対形成とフェルミ球の不安定性を受けて, よりエネルギーの低い新たな基底状態に対応する多体論的波動関数をどのように構築するか, そして, その状態がマイスナー – オクセンフェルト効果を示すかが, 超伝導の発現機構解明への最後のチャレンジである. そして, 日々の試行錯誤の結果, バーディーン – クーパー – シュリーファー[31] (BCS) が辿り着いた波動関数は, 例えば, $c_{k\uparrow}^{\dagger}, c_{k\uparrow}$ を, 波数 k, スピン上向きの電子をそれぞれ生成, 消滅する演算子, $|0\rangle$ は真空状態（すなわち $c_{k\uparrow}|0\rangle = 0$）として,

$$\Phi_{\rm BCS} = \left\{\prod_{k}\left(u_k + v_k c_{k\uparrow}^{\dagger} c_{-k\downarrow}^{\dagger}\right)\right\}|0\rangle \tag{8.36}$$

$$\frac{v_k}{u_k} = e^{i\theta} \tag{8.37}$$

のようなものであった[39],[32].

　この形をみると, この波動関数で表される状態は, 様々な特徴をもっている.

　(1) ペアを基本構成要素としている. ここで, v_k, u_k はそれぞれ, $(k, \uparrow)$, $(-k, \downarrow)$ のペア状態が占有されている確率, されていない確率を表している.

　(2) すべてのペアが同じ位相をもっている. これが量子凝縮に対応している. したがって, "GL のマクロ波動関数"の項で述べた「電子の位相」という表現は, 「ペアの位相」というように置き換えられるべきである.

---

31)　John Robert Schrieffer, 1931.5.31 -, アメリカ.
32)　BCS は $\theta = 0$ の波動関数を用いたが, より一般的な場合を想定した.

154   8.   電気伝導に関する発展的な話題

(3) 常伝導状態（フェルミ球）もこの形で表すことができる．その場
合，ある k に注目したとき，$u = 0$ であれば $v = 1$，逆に，$u = 1$ で
あれば $v = 0$ である．

(4) これに対して，超伝導状態では，一般に同じ k に対して u, v が同
時にゼロでないことが可能であり，その場合，電子数はゆらぎをもつ
（電子数が不確定）．

電子数と共役な物理量は波動関数の位相であるので，不確定性関係の観点
からも，位相が確定した状態では，電子数は不確定である．この波動関数で
ハミルトニアンの期待値をとると，フェルミ球よりもエネルギーが下がるこ
とが確かめられ，さらに，この波動関数に基づき，超伝導現象の多くが見事
に説明された．

有限温度での性質を記述するためには，励起状態について考察する必要が
ある．励起状態は，ペアを壊して，1電子的な励起（準粒子）をつくること
になる．これらを定式化することで，超伝導体の臨界温度について，

$$k_\mathrm{B} T_\mathrm{c} = \hbar \omega_\mathrm{D} \exp \left\{ - \frac{1}{N(0) \, V} \right\} \tag{8.38}$$

なる表式が得られた．ここで，$N(0), V$ はそれぞれ，フェルミレベルにおけ
る電子状態密度，電子間引力を表すエネルギーの次元をもつ定数である．

マイスナー‐オクセンフェルト効果

超伝導現象の説明で最も肝心なのは，マイスナー‐オクセンフェルト効果
が示されるかどうかである．一般に，電流演算子の期待値を計算すると，結
果は次のようにまとめられる．ただし，より一般化して，交流電磁場に対す
る応答についての表現である．

$$\boldsymbol{j}(\omega) = \sigma \boldsymbol{E}(\omega) + Q_\mathrm{p}(\omega) \, \boldsymbol{A}(\omega) - Q_\mathrm{d}(\omega) \, \boldsymbol{A}(\omega) \tag{8.39}$$

ここで，$\boldsymbol{E} = (\partial / \partial t) \, \boldsymbol{A}$ である．

第1項は，通常のオームの法則に対応する項であり，仮に電気的電流とよ
ぶことにしよう．第2項と第3項はベクトルポテンシャルそのものに比例す
る項であり，それぞれ，常磁性電流，反磁性電流，合わせて，磁気的電流と
でもよぶべきものである．

超伝導に関して，時間変化しないベクトルポテンシャルに対しては，電場

がゼロであるために第1項はゼロであることは，すでにロンドン方程式のところで述べた通りである[33]．

　第2項と第3項の関係であるが，常伝導状態（フェルミ球）を表す波動関数で期待値をとると，直流の極限では第2項が第3項を正確に打ち消す．結果として残るのは，オームの法則の項だけである．これに対して，超伝導状態の波動関数（BCS状態）(8.36) で期待値をとると，第2項はゼロになり，打ち消し合いが起こらない．結果として，第3項があらわになり，これが，マイスナー–オクセンフェルト効果に対応する．第2項がゼロになってしまう理由は，波動関数の硬さによるものである．喩えていえば，ペアの位相がそろった超伝導の状態は，図8.26のように，机の上にこぼれた水が氷になったようなもので，このような基底状態の硬さゆえに，その端を指でつつくといった「摂動」に対する応答は全体を巻き込むことになり，これが巨大反磁性効果に対応する．以上のようにして，BCS理論の波動関数がマイスナー–オクセンフェルト効果を示すことが理解される．

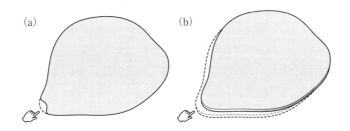

図 8.26　机の上にこぼれた水(a)とそれが氷になった様子(b)

8.7.4　銅酸化物高温超伝導出現の意義

BCS理論で臨界温度の表式が得られたことにより，超伝導体の臨界温度を上げる指導原理が示されたことになる．(8.38) に含まれる因子は

　(1) フォノンのデバイ周波数
　(2) フェルミレベルでの電子状態密度

---

33) これに対して，一般に交流電磁場に対しては，通常のオームの法則に対応する項はゼロではない．

156　8.　電気伝導に関する発展的な話題

(3) 電子間引力（電子 – 格子相互作用）の大きさ

の3種類である．あるいは，$N(0)V \equiv \lambda$ とおき，無次元の電子 – 格子相互作用定数と表すこともできる．

デバイ周波数は格子の硬さを表すもので，よほど軽い元素が絡む振動でない限り，物質によってそれほど大きくは変わらない．また，電子 – 格子相互作用 λ はあまり大きくすると，格子が変形して，金属伝導自体が失われてしまう．このようなラフな考察から，電子 – 格子相互作用以外のはるかに高いエネルギーの機構で電子間のペアリングを引き起こすようなことを考えない限り，超伝導の臨界温度の飛躍的上昇は望めないのではないかとも考えられた．

実際，すでに述べた通り，Nb$_3$Ge で 23.6 K を記録して以来，13 年間，0.1 度たりとも臨界温度が上昇しない時期があった．そのような時代背景に出現した液体窒素の沸点を超える超伝導現象は，それだけでも十分に衝撃的であり，電子 – 格子相互作用によらない超伝導機構にすぐさま注目が集まった．臨界温度だけに関していえば，やはり既述のように，高圧下の水素化物が 203 K 〜 260 K で超伝導を示すことが知られており，かつ，この物質の超伝導は，狭義の BCS 理論で理解できるとされている．したがって，液体窒素を超える臨界温度は，BCS 理論では説明できないという論理は単純すぎる．

しかしながら，銅酸化物超伝導体に関しては，以下のような事情に鑑みて，やはり，高臨界温度は狭義の BCS 理論では説明できないというのは真実であり，それこそが，銅酸化物高温超伝導体がほぼすべての物性研究者を虜にした理由である．

銅酸化物の高温超伝導の舞台は，銅と酸素がつくる2次元正方形状のシートである（第6章の図 6.2）．銅と酸素という比較的なじみのある元素がつくる非常に簡単な構造が，高温超伝導の舞台であるとは誰が予想しえたであろう．さらに加えて，この，銅と酸素の2次元平面の電子状態は，バンド理論で正しく記述することができない「強相関電子系」であるだけではなく，超伝導が起こる前の状態も，通常の金属とはかなり異なる「異常金属」であることがすぐに明らかになった．

すなわち，強いクーロン相互作用のために，バンド理論では金属であるは

ずのものが絶縁体になっているモット絶縁体のキャリヤの数などのパラメーターを少しいじるだけで，高温超伝導が起こるという，劇的なシナリオの上に実現しているのが銅酸化物の高温超伝導である．したがって，超伝導現象そのものがそうであったように，多体論的な側面が現象の本質を支配している．

超伝導現象の解明には，発見から約半世紀を要した．銅酸化物の高温超伝導は発見からまだ30年強であり，依然として，その謎は我々の前に立ちはだかっている．

8.7.5 磁場下の超伝導状態 — 混合状態 —

超伝導は磁場に弱く，ある磁場で消失する．この磁場を**臨界磁場**という．温度を上げていくと臨界磁場は減少していき，臨界温度 T_c では，磁場を全く印加せずとも超伝導が消失する．この磁場下の超伝導の消失の仕方には2タイプあって，特に，応用上，物理学上どちらの観点からも興味深いのは，いわゆる**第Ⅱ種超伝導体**といわれるものである．

その磁場‐磁化特性は図 8.27(a)のようになっている．すなわち，途中までは完全なマイスナー‐オクセンフェルト効果を示すが，ある磁場から，

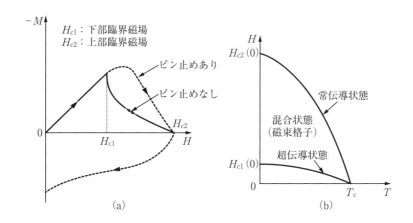

図 8.27 (a) 第Ⅱ種超伝導体の磁場‐磁化曲線．ピン止めがない場合(実線)と，ピン止めがある場合（破線）．
(b) 磁場‐温度相図

そこからのずれを生じ，やがて
は，反磁性がゼロになる．さら
には，ほとんどの場合，磁場の
上げ下げに対して大きなヒステ
リシスを描く．

この領域では，図 8.28 のよ
うに，磁束が 1 本 1 本量子化さ
れた形で超伝導体を貫き，それ
らは格子をつくる（大抵の場
合，三角格子[50]）．この状態を

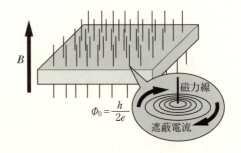

図 8.28 第 II 種超伝導体の量子化磁束の渦糸（ボルテックス）とその格子

混合状態とよぶ．混合状態の熱力学，個々の磁束量子の動力学，磁束格子の動力学など，磁場下の超伝導状態は興味深い物理学の問題の宝庫であるが，それについて触れることは本書の趣旨とかけ離れてしまうので，巻末で文献を紹介するにとどめる．

演習問題

[1] 1 次相転移では潜熱があり，2 次相転移では比熱に飛びが現れることを示せ．

[2] 超伝導状態は，一様な位相のマクロ波動関数で表される．いま，2 つの超伝導体を接近させて，互いの波動関数の染み出しが起こる状況を考える．それぞれのマクロ波動関数を

$$\begin{cases} \psi_1 = \Delta e^{i\theta_1} \\ \psi_2 = \Delta e^{i\theta_2} \end{cases} \tag{8.40}$$

としたとき，それぞれは，シュレーディンガー方程式

$$\begin{cases} i\hbar \dfrac{\partial}{\partial t}\psi_1 = E_1 \psi_1 + \lambda \psi_2 \\ i\hbar \dfrac{\partial}{\partial t}\psi_2 = E_2 \psi_2 + \lambda \psi_1 \end{cases} \tag{8.41}$$

を満たすとする．ここで，右辺第 1 項，第 2 項がそれぞれ，超伝導体が孤立して

いるときのエネルギー，染み出しによる混ざり合いの効果を表している．（8.40）を（8.41）に代入し，実部・虚部をそれぞれ比較することで，直流・交流ジョセフソン効果が導かれることを示せ．

付　録

A1　物質中の電磁場

A1.1　物質中のマクスウェル方程式

電磁気現象はマクスウェル方程式によって記述される．すなわち，電場を E，磁場を B，電荷密度分布を ρ，電流密度分布を j としたとき，真空中では，

$$\mathrm{div}\,E = \frac{1}{\varepsilon}\rho \tag{A1.1}$$

$$\mathrm{div}\,B = 0 \tag{A1.2}$$

$$\mathrm{rot}\,E + \frac{\partial B}{\partial t} = 0 \tag{A1.3}$$

$$\mathrm{rot}\,B - \frac{1}{c^2}\frac{\partial E}{\partial t} = \mu_0 j \tag{A1.4}$$

が成り立つ．ただし，$c \equiv 1/\sqrt{\varepsilon_0\mu_0}$ は光速度，ε_0, μ_0 はそれぞれ，真空の誘電率，真空の透磁率である．

では，本書の舞台である物質中では，それらがどのように変更を受けるのであろうか？電場中に物質を置くと，分極が発生し，その効果を電気変位

$$D \equiv \varepsilon E \tag{A1.5}$$

で表すことは第 1 章の 1.3 節で述べた．ここで，ε を**物質の誘電率**とよび，真空の誘電率との比

$$\varepsilon_\mathrm{r} \equiv \frac{\varepsilon}{\varepsilon_0} \tag{A1.6}$$

を，**比誘電率**とよんだ（これが cgs 系では**誘電率**とよばれている）．

では，物質に磁場をかけると何が起こるであろうか？結晶を構成する原子は，古典的には，微視的な円電流とみなすことができる．すなわち，ミクロな磁気モーメントをもっている（図 A1.1）．磁気モーメント m は，大きさが，円電流の面積と電流の大きさの積の半分，向きが円電流の流れる面に垂直な右ねじの進む方向と定義される．

熱平衡状態では，これらの磁気モーメントがバラバラな方向を向いていて，

A1 物質中の電磁場

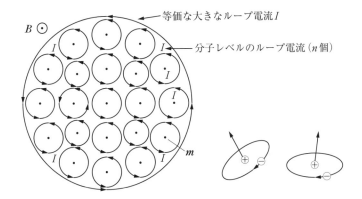

図 A1.1 磁気モーメントと磁化

全体としては磁気モーメントをもたないが，これに磁場がかかると，磁気モーメントは磁場からトルク $m \times B$ を受け，向きをそろえる．方位磁石が地球の磁場がつくる磁力線の方向を向くのと同じである．その結果，物質全体として大きな磁気モーメントをもつようになる．

単位体積当たりの磁気モーメントを**磁化**とよび，M で表す．そこで，補助的な場 H を

$$H \equiv \frac{1}{\mu_0} B - M \tag{A1.7}$$

と定義すると，アンペールの法則は $\mathrm{rot}\, H = j$ のように，磁化 M を含まず，真電流密度 j だけを含む形で表すことができる．

これらをまとめると，物質中でのマクスウェル方程式は，

$$\mathrm{div}\, D = \rho \tag{A1.8}$$

$$\mathrm{div}\, B = 0 \tag{A1.9}$$

$$\mathrm{rot}\, E + \frac{\partial B}{\partial t} = 0 \tag{A1.10}$$

$$\mathrm{rot}\, H - \frac{\partial D}{\partial t} = j \tag{A1.11}$$

のように表すことができる．ただし，

$$D = \varepsilon E \tag{A1.12}$$

$$B = \mu H \tag{A1.13}$$

162   付   録

であり,

$$\mu \equiv \mu_r \mu_0 \equiv \mu_0 (1 + \chi) \tag{A1.14}$$

を物質の**透磁率**, μ_r を**比透磁率**, そして, χ を**磁化率**あるいは**感受率**とよぶ.

cgs ガウス系では,

$$\boldsymbol{H} = \boldsymbol{B} - 4\pi\boldsymbol{M} \tag{A1.15}$$

かつ,

$$\mathrm{div}\,\boldsymbol{D} = 4\pi\rho \tag{A1.16}$$

$$\mathrm{div}\,\boldsymbol{B} = 0 \tag{A1.17}$$

$$\mathrm{rot}\,\boldsymbol{E} + \frac{1}{c}\frac{\partial \boldsymbol{B}}{\partial t} = 0 \tag{A1.18}$$

$$\mathrm{rot}\,\boldsymbol{H} - \frac{1}{c}\frac{\partial \boldsymbol{D}}{\partial t} = \frac{4\pi}{c}\boldsymbol{j} \tag{A1.19}$$

となる.

SI 系と cgs ガウス系の間の式の変換は,

$$cB_{\mathrm{SI}} \;\rightarrow\; B_{\mathrm{cgs}} \tag{A1.20}$$

$$\varepsilon_0 \;\rightarrow\; \frac{1}{4\pi} \tag{A1.21}$$

$$\varepsilon_0\mu_0 \;\rightarrow\; \frac{1}{c^2} \tag{A1.22}$$

で行えばよい.

物質の磁場に対する応答, すなわち磁性は, 電場に対する応答よりもはるかに複雑でバラエティーに富んでいる. 多くの物質では, χ は $\sim \pm 10^{-5}$ 程度であり, 正になったり (常磁性) 負になったり (反磁性) する. いずれにしても, 磁場に対してほとんど性質を変化させない.

これに対して, 非常に大きな χ を示す物質も存在し, そのような物質では, ある温度以下になると, 磁場をかけなくても自発的に磁化を発生する. すなわち, 磁石になってしまう. このような物質を**強磁性体**とよぶ.

上の説明で, 物質の磁気モーメントの原因は微視的な円電流であるとしたが, 実際の「円電流」の起源は, そのような電子の軌道運動に加えて, スピン (2.2.2 項を参照) が担っている.

A1.2 微視場・巨視場・反分極場

電場の中に物質を置いたとき，物質中では双極子モーメントが発生し，さらに，その結果として表面に電荷が現れる（分極）．この場合，物質中の電子が感じる電場 E はどのようなものであろうか？これに関する詳細な議論は他書に譲るが，結果の重要な点を紹介する．

物質中の電場を E とすると，それは以下のように，4種類の寄与からなると考えられる．

$$E = E_0 + E_1 + E_2 + E_3 \qquad (A1.23)$$

まず，E_0 は，外部から印加した電場，すなわち，物質の外側での電場である．したがって，残りの $E_1 + E_2 + E_3$ が，物質が分極することによる電場である．この中で特に重要なのは，物質が分極した結果，試料表面に現れた電荷がつくる電場 E_1 であり，反分極場とよばれる．すなわち E_1 は，試料のサイズが有限であることから生じるものであり，具体的な大きさは巨視的な分極のでき方に依存し，試料の形状で決まる．特に，試料が2次曲面で囲まれていれば，E_1 は一様（一定）になることが知られており，その場合，分極 P と，反分極場 E_1 の比例関係を

$$E_{1i} \equiv - N_i \frac{P_i}{\varepsilon_0} \qquad (i = x, y, z) \qquad (A1.24)$$

と表したときの N_i を**反分極係数**とよぶ．

全く同様のことが，磁場中に置いた物質がつくる磁化についても成り立ち，**反磁場係数**を

$$H_{1i} \equiv - N_i M \qquad (i = x, y, z) \qquad (A1.25)$$

のように定義することができる．

反分極係数，反磁場係数は，物質の電磁気的測定を行う場合，非常に重要にな

表A1.2 反分極係数と反磁場係数

形状	軸	N(cgs)	N(SI)
球	任意	$4\pi/3$	$1/3$
薄板	垂直	4π	1
薄板	平面内	0	0
長円柱	縦	0	0
長円柱	横	2π	$1/2$

164　付　　録

る概念である．表A1.2に，いくつかの代表的な形状に対する反分極係数の値を示した．一般の2次曲面に対する反磁場係数は，文献（1）で求められている．

　実際の結晶は，典型的には直方体状であるので，反分極場は一様ではないが，しばしば，これを回転楕円体とみなし，解析を進める．ただし，場合によっては楕円体と異なり，鋭いエッジをもつ効果，あるいは，反分極場が一様でない効果が実験結果に重大な影響を及ぼすこともあるので，注意が必要である．

　以上が，巨視的な場であるのに対して，物質中の各点での電場は，これらと異なる微視的な場と考えなければならない．これを表すのが，$E_2 + E_3$である．すなわち，いま注目している点を中心に一定半径（例えば数原子間隔程度）の球を考え，それより外側にある原子・分子がつくる双極子モーメントによる電場は，その球面にできる分極がつくる電場で表せるとし，これをE_2と表す（**ローレンツ場**とよぶ）．そして，それ以外の微視的電場をE_3とする．すなわち，E_3は，球内の双極子モーメントがつくる電場を正確に足し合わせたものである．

A2　半古典的動力学の基礎方程式の導出

A2.1　運動学的方程式

　求めたいのは，電子による波束の中心の速度の期待値である．速度演算子vは，ハミルトニアンを

$$H \equiv -\frac{\hbar^2}{2m} \nabla^2 + U(\boldsymbol{r}) \tag{A2.1}$$

ブロッホ関数を

$$\varphi_{nk}(\boldsymbol{r}) = u_k e^{ik \cdot r} \tag{A2.2}$$

運動量演算子を$\boldsymbol{p}$とすると，

$$\boldsymbol{v} = \frac{d\boldsymbol{r}}{dt} = \frac{1}{i\hbar}[\boldsymbol{r}, H] = \frac{\boldsymbol{p}}{m} = \frac{-i\hbar\nabla}{m} \tag{A2.3}$$

と表せる．したがって期待値は，

$$\langle \boldsymbol{v} \rangle = \int \left\{ \varphi_{nk}^*(\boldsymbol{r}) \left(\frac{-i\hbar\nabla}{m} \right) \varphi_{nk}(\boldsymbol{r}) \right\} d^3\boldsymbol{r} \tag{A2.4}$$

となる．

　これを求めるために，シュレーディンガー方程式

$$H\varphi_{nk} = E(\boldsymbol{k})\,\varphi_{nk} \tag{A2.5}$$

の微分演算を実行することで，以下の H_k を定義できる．

$$H_k u_k \equiv \left\{ \frac{\hbar^2}{2m}(-i\nabla + \boldsymbol{k})^2 + U(\boldsymbol{r}) \right\} u_k(\boldsymbol{r}) = E(\boldsymbol{k}) \tag{A2.6}$$

この定義に従うと，

$$H_{k+q} = H_k + \frac{\hbar^2}{m}\boldsymbol{q}\cdot(-i\nabla + \boldsymbol{k}) + \frac{\hbar^2}{2m}\boldsymbol{q}^2 \tag{A2.7}$$

$$\equiv H_k + V \tag{A2.8}$$

$$\equiv H_0 + V \tag{A2.9}$$

すなわち，$\boldsymbol{k}$ が $\boldsymbol{q}$ だけ変化した効果を $H_k \equiv H_0$ に対する摂動 V と考える．すると，摂動による1次のエネルギー変化は，

$$E(\boldsymbol{k} + \boldsymbol{q}) = E(\boldsymbol{k}) + \int d^3\boldsymbol{r}\, u_k^* V u_k + o(V^2) \tag{A2.10}$$

と表される．

一方で，$E(\boldsymbol{k} + \boldsymbol{q})$ を $\boldsymbol{k}$ についてテイラー展開すると，

$$E(\boldsymbol{k} + \boldsymbol{q}) = E(\boldsymbol{k}) + \sum_i \frac{\partial E(\boldsymbol{k})}{\partial k_i} q_i + o(q^2) \qquad (i = x, y, z) \tag{A2.11}$$

となる．（A2.10）と（A2.11）の1次の項同士を比較することで，

$$\int d^2\boldsymbol{r}\, u_k^* \left\{ \frac{\hbar^2}{m} q_i(-i\nabla_i + \boldsymbol{k}_i) \right\} u_k = \sum_i \frac{\partial E(\boldsymbol{k})}{\partial k_i} q_i \tag{A2.12}$$

となる．

u_k による表現からブロッホ関数 ψ_k を用いた表現に戻し，また，i 成分同士で比較すると，

$$\int \left\{ \varphi_{nk}^* \left(\frac{-i\hbar\nabla_i}{m} \right) \varphi_{nk} \right\} d^3\boldsymbol{r} = \frac{1}{\hbar} \frac{\partial E(\boldsymbol{k})}{\partial k_i} \tag{A2.13}$$

となり，この式の左辺は，$\langle v_i \rangle$ に他ならない．したがって，$\boldsymbol{v}$ の期待値として，

$$\langle \boldsymbol{v} \rangle = \int \psi_{nk}^* \left(\frac{-i\hbar\nabla}{m} \right) \psi_{nk} = \frac{1}{\hbar} \frac{\partial E(\boldsymbol{k})}{\partial \boldsymbol{k}} \tag{A2.14}$$

が得られる．

A2.2 動力学的方程式

ここでは，電場下の電子の運動を考える．磁場下の運動については，文献（2）および，その中の引用文献を参照されたい．

166　付　　録

電場の効果を摂動とみなし，時間に依存する摂動論を用いる．無摂動のハミルトニアン H_0 は結晶の周期ハミルトニアンで，固有関数はブロッホ関数

$$\varphi_{nk} = e^{ik\cdot r} u_{nk} \tag{A2.15}$$

$$H_0 \varphi_{nk} = E_{nk} \varphi_{nk} \tag{A2.16}$$

であり，完全系をなしているとする．電場による摂動は，

$$\Phi = e\boldsymbol{E} \cdot \boldsymbol{r} \tag{A2.17}$$

と表され，電場から電子が受ける力 $\boldsymbol{F}$ は，$\boldsymbol{F} = -\partial\Phi/\partial\boldsymbol{r} = -e\boldsymbol{E}$ である．

したがって，解くべきシュレーディンガー方程式は，

$$(H_0 + \Phi)\,\psi(\boldsymbol{r}, t) = i\hbar \frac{\partial}{\partial t}\,\psi(\boldsymbol{r}, t) \tag{A2.18}$$

となり，求める波動関数 $\psi(\boldsymbol{r}, t)$ は，無摂動のブロッホ関数 $\varphi_{nk}(\boldsymbol{r})$ で，

$$\psi(\boldsymbol{r}, t) = \sum_{n'k'} a_{n'k'}(t)\,\varphi_{n'k'}(\boldsymbol{r}) \tag{A2.19}$$

と展開できる．ここで，電子ははじめに状態 $(n, \boldsymbol{k}_0)$ にあったとする．すなわち，

$$\begin{aligned} a_{nk}(t=0) &= 1 \quad (|\boldsymbol{k}| \le |\boldsymbol{k}_0| + |\Delta\boldsymbol{k}|) \\ &= 0 \quad (\text{otherwise}) \end{aligned} \tag{A2.20}$$

であり，かつ，摂動によって他のバンドへ遷移するということは考えないので，n' については n のみ取り得ると考えればよい．上式で $\Delta\boldsymbol{k}$ は，電子による波束をつくるのに必要な波数の広がりを表している．

このように，解くべき問題は，初期条件（A2.20）の下で，$a_{nk}(t)$ を求めることである．（A2.19）をシュレーディンガー方程式（A2.18）に代入し，左から φ_{nk}^* を掛けて積分し，直交性を利用することで，

$$\frac{\partial}{\partial t} a_{nk} = \frac{1}{i\hbar}\left\{ a_{nk} E_n(\boldsymbol{k}) + \sum_{k'} a_{nk'} \int_V \varphi_{nk}^* \Phi \varphi_{nk'}\, d^3\boldsymbol{r} \right\} \tag{A2.21}$$

が得られる．Φ に（A2.17）を代入すると，残る計算は，

$$I \equiv \int_V \varphi_{nk}^* \Phi \varphi_{nk'}\, d^3\boldsymbol{r} = e\boldsymbol{E} \cdot \int_V \varphi_{nk}^* \boldsymbol{r}\, \varphi_{nk'}\, d^3\boldsymbol{r} \tag{A2.22}$$

を求めることである．

$$\begin{aligned} \mathrm{grad}_{k'}\, \varphi_{nk'} &\equiv \frac{\partial}{\partial \boldsymbol{k}'}\, \varphi_{nk'} \\ &= \frac{\partial}{\partial \boldsymbol{k}'} \{e^{ik'\cdot r} u_{nk'}(\boldsymbol{r})\} \\ &= i\boldsymbol{r}\, \varphi_{nk'}(\boldsymbol{r}) + e^{ik'\cdot r}\, \mathrm{grad}_{k'}\, u_{nk'}(\boldsymbol{r}) \tag{A2.23} \end{aligned}$$

であることから，

A2 半古典的動力学の基礎方程式の導出　167

$$\boldsymbol{r}\,\varphi_{nk'}(\boldsymbol{r}) = (-i)\{\mathrm{grad}_{k'}\,\varphi_{nk'} - e^{ik'\cdot r}\,\mathrm{grad}_{k'}\,u_{nk'}(\boldsymbol{r})\} \qquad (\mathrm{A2.24})$$

であるので，これを（A2.22）に代入することにより，

$$I = e\boldsymbol{E}\cdot\int_V \varphi_{nk}^*(-i)\{\mathrm{grad}_{k'}\,\varphi_{nk'} - e^{ik'\cdot r}\,\mathrm{grad}_{k'}\,u_{nk'}(\boldsymbol{r})\}\,d^3\boldsymbol{r}$$

$$= -ie\boldsymbol{E}\cdot\left(\int_V \varphi_{nk}^*\,\mathrm{grad}_{k'}\,\varphi_{nk'}\,d^3\boldsymbol{r} - \int_V e^{i(k'-k)\cdot r}u_{nk}^*\,\mathrm{grad}_{k'}\,u_{nk'}\,d^3\boldsymbol{r}\right)$$

$$= -ie\boldsymbol{E}\cdot\left(\int_V \varphi_{nk}^*\,\mathrm{grad}_{k'}\,\varphi_{nk'}\,d^3\boldsymbol{r} - \int_V u_{nk}^*\,\mathrm{grad}_k\,u_{nk}\,d^3\boldsymbol{r}\right)$$

$$= -ie\boldsymbol{E}\cdot\left(\mathrm{grad}_{k'}\,\delta_{kk'} - \int_V u_{nk}^*\,\mathrm{grad}_k\,u_{nk}\,d^3\boldsymbol{r}\right) \qquad (\mathrm{A2.25})$$

と変形される．

ここで，2 行目から 3 行目の変形は，第 2 項の $u_{nk}^*\,\mathrm{grad}_{k'}\,u_{nk'}$ が格子の周期をもつ関数なので，逆格子ベクトル $\boldsymbol{K}$ でフーリエ級数展開できることから，$\boldsymbol{k}-\boldsymbol{k}'=\boldsymbol{K}$ の条件が出るが，$\boldsymbol{k},\boldsymbol{k}'$ ともに第 1 ブリュアン域にあるので，$\boldsymbol{K}=0$ でなければならないことを利用した．また 3 行目から 4 行目への第 1 項の変形は，おおもとの表式において，$\boldsymbol{k}'$ について和をとった後で，$\mathrm{grad}_{k'}$ をとるという意味である．

（A2.25）を（A2.21）に代入し，さらに，左から $a_{n,k}^*$ を掛けて積分することで，第 2 項は，定数 1 の $\boldsymbol{k}$ による微分であることからゼロになり，最終的に，

$$\left(\frac{\partial}{\partial t} + \frac{\boldsymbol{F}}{\hbar}\cdot\mathrm{grad}_k\right)|a_{nk}|^2 = 0 \qquad (\mathrm{A2.26})$$

$$\boldsymbol{F} = -e\boldsymbol{E} \qquad (\mathrm{A2.27})$$

が得られる．

これは，$(\boldsymbol{k},t)$ の関数 $w \equiv |a_{nk}|^2$ に関する 1 階偏微分方程式であり，微分方程式論の教えるところによれば，解曲面 $w = w(\boldsymbol{k},t)$ の特性曲線（すなわち，その曲線上での各点の接線方向が，解曲面の接線と一致するような，解曲面上の曲線）の方程式は，$\boldsymbol{k} = (k_x, k_y, k_z)$，$\boldsymbol{F} = (F_x, F_y, F_z)$ として，

$$\frac{dk_x}{F_x/\hbar} = \frac{dk_y}{F_y/\hbar} = \frac{dk_z}{F_z/\hbar} = \frac{dt}{1} \qquad (\mathrm{A2.28})$$

$$d|a_{nk}|^2 = 0 \qquad (\mathrm{A2.29})$$

で与えられる．（A2.28）は，

$$\frac{d}{dt}(\hbar\boldsymbol{k}) = \boldsymbol{F} \qquad (\mathrm{A2.30})$$

に他ならない．また，一般解は，

168 付　　録

$$|a_{nk}|^2 = G\left(\boldsymbol{k} - \frac{\boldsymbol{F}}{\hbar}t\right) \quad (G \text{ は任意関数}) \tag{A2.31}$$

で与えられる.

　任意関数というとしっくりこないという読者のために補足すると，n 階の常微分方程式の一般解は n 個の任意定数（積分定数）を含んだが，n 階の偏微分方程式の一般解は，n 個の任意関数を含む．波動方程式は 2 階の偏微分方程式であったが，その一般解（ダランベール解）は 2 個の任意関数の和になったことを思い出してみよう．

A3　電磁ポテンシャルとゲージ場

A3.1　電磁ポテンシャル

　第 8 章の 8.4 ～ 8.7 節などの議論に関連することもあり，電磁ポテンシャルについて，ここでまとめておく．

　付録の（A1.10）や（A1.11）の両辺の rot をとるなどの変形を行うと，マクスウェル方程式は，

$$\left(\frac{1}{c^2}\frac{\partial^2}{\partial t^2} - \nabla^2\right)\boldsymbol{A} = \mu\boldsymbol{j} \tag{A3.1}$$

$$\left(\frac{1}{c^2}\frac{\partial^2}{\partial t^2} - \nabla^2\right)\phi = \frac{1}{\varepsilon}\rho \tag{A3.2}$$

$$\boldsymbol{E} = -\frac{\partial\boldsymbol{A}}{\partial t} - \operatorname{grad}\phi \tag{A3.3}$$

$$\boldsymbol{B} = \operatorname{rot}\boldsymbol{A} \tag{A3.4}$$

のように表され，（A3.1），（A3.2）を初期条件，境界条件を与えて解くことで $\boldsymbol{A},\phi$ を求め，それを時間，空間で微分することで，電場，磁場が求まる．この $\boldsymbol{A},\phi$ を**電磁ポテンシャル**という．特に，$\boldsymbol{A}$ を**ベクトルポテンシャル**，ϕ を**スカラーポテンシャル**とよぶ．

　ただし，これらの式が成り立つためには，$\boldsymbol{A},\phi$ は条件

$$\operatorname{div}\boldsymbol{A} + \frac{1}{c^2}\frac{\partial\phi}{\partial t} = 0 \tag{A3.5}$$

の関係を満たしていないといけない．これを**ローレンツ条件**とよぶが，実際，

A3　電磁ポテンシャルとゲージ場　　169

(A3.1), (A3.2), (A3.5) は，マクスウェル方程式のローレンツ変換に対する共変性が非常にわかりやすい形になっている.

電磁ポテンシャルは，

$$\boldsymbol{A}' = \boldsymbol{A} + \nabla \chi_0 \tag{A3.6}$$

$$\phi' = \phi - \frac{\partial \chi_0}{\partial t} \tag{A3.7}$$

ただし，

$$\left(\frac{1}{c^2} \frac{\partial^2}{\partial t^2} - \nabla^2 \right) \chi_0 = 0 \tag{A3.8}$$

の変換（**ゲージ変換**という）を行っても，同じ電磁場を与えることがわかる．すなわち，電磁ポテンシャルには，(A3.8) を満たす χ_0 だけの不定性がある．そこで，ローレンツ条件を満たす電磁ポテンシャルをローレンツゲージ（物差し）の電磁ポテンシャルとよぶ[1].

A3.2　ゲージ場

以上のように，与えられた初期条件，電荷分布，電流分布のもとに，(A3.1), (A3.2) を解き，電磁ポテンシャルを求めれば電磁場を求めることができるということで，電磁ポテンシャルは電磁場を求めるための便利なツールではあるが，ゲージ変換に対する不定性をもっているので，物理的な実体ではないと考えられがちである．古典電磁気学の範囲では，それも誤りとはいえない．実際，物理学者の認識もそのような歴史を辿ったようである[3].

これに対して，量子論の世界では，電磁ポテンシャルと電磁場の主従関係は逆転する．このことを指摘した歴史的に有名な仕事が，**アハラノフ**[2] **- ボーム**[3] **効果**（**AB 効果**）である．これについては，次項で最後に紹介する．実際，本書に記したものだけでも，

(1)　電磁場があるときのシュレーディンガー方程式は，$\boldsymbol{A}$ をあらわに含む.

(2)　超伝導のロンドン方程式も，電流が $\boldsymbol{A}$ にあらわに比例する.

といった具合に，電場や磁場よりも電磁ポテンシャルの方が，諸方程式の前面に出てくる例を挙げることができる.

---

1)　ローレンツゲージでは，このようにゲージを固定しても，なお，不定性が残る.

2)　Yakir Aharonov, 1932.8.28 -, イスラエル.

3)　David Joseph Bohm, 1917.12.20 - 1992.10.27, アメリカ.

電磁ポテンシャルにゲージ変換 (A3.6), (A3.7) を行ったとき, シュレーディンガー方程式を不変に保つためには, 波動関数が,

$$\phi' = \phi \exp\left(i\frac{e\chi_0}{\hbar}\right) \quad (A3.9)$$

と変化しなければならない. 波動関数のこの変換を, むしろ, **ゲージ変換**とよぶことが多い. 位相の中に現れる関数 χ_0 は, 一般に, 各点 r で異なってもよい. そこで, 特に $\chi_0 =$ (定数) の場合を**大局的ゲージ変換**, それ以外の場合を**局所的ゲージ変換**とよぶ.

逆に, 物理的要請として, 「局所的ゲージ変換で作用積分が不変である」(**ゲージ原理**) を前提とすることにより, シュレーディンガー方程式に, 第8章の (8.7) のような形で電磁ポテンシャルが現れ, また, 電荷保存則 (連続の式) が得られる. これが, **ネーター**[4]**の定理**[4]をゲージ変換に関する対称性 (不変性) に適用したものである. 以上のような経緯で, 電磁ポテンシャルのような場を**ゲージ場**とよぶ.

電磁ポテンシャルは, 互いに相互作用する電子と光子の系において, ゲージ変換で電子の波動関数の位相が変化したときも電場や磁場を一定に保つように, 電磁的相互作用の担い手である光子がつくりだす場ということになる. この場合, 光子を**ゲージボゾン**とよぶ.

このように, 量子論においては, ゲージ場は自然法則の根幹を支配する重要な役割を果たしている.

A3.3 AB 効 果

A3 節を, アハラノフ-ボーム効果 (AB 効果) の紹介で締めくくろう. 図 A3.1 のように, 無限に長いソレノイドに電流を流し, 磁場をつくる. 磁場はソレノイドの内側にのみ存在し, 外側では磁場はゼロである. しかしながら, ソレノイドの周りではベクトルポテンシャル A はゼロではない. このとき, 図 A3.1 の 1, 2 の 2 つの経路を辿る電子波の

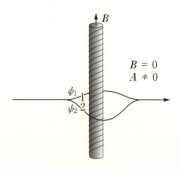

図 A3.1 無限に長いソレノイドがつくる磁場による電子波の干渉

---

4) Amalie Emmy Noether, 1882.3.23 - 1935.4, ドイツ.

位相差 $\Delta\theta$ は,

$$\Delta\theta = \frac{e}{\hbar}\left\{\int_2 A(r)\cdot ds - \int_1 A(r)\cdot ds\right\}$$

$$= \frac{e}{\hbar}\oint_{2-1} A(r)\cdot ds$$

$$= \frac{e}{\hbar}\int_{面上} B(r)\cdot dS \quad (B = \mathrm{rot}\,A)$$

$$= 2\pi\frac{\Phi}{\Phi_0} \quad \left(\Phi_0 = \frac{h}{e},\; \Phi はソレノイドの磁束\right) \quad (A3.10)$$

となる．このため，磁場を変化させたときに位相差も変化し，それに依存した干渉が起こるはずである[5].

アハラノフとボームの予言以後，様々な紆余曲折を経て，外村 彰[5]のグループが，電子線ホログラフィーの手法により，この干渉を見事に捉えることに成功し[6]，ゲージ場の実在性が実験的に確固たるものとなった．

誤解のないように再度確認すると，実在性とはいえ，ベクトルポテンシャル自体は，ゲージ変換の任意性があるので，直接観測可能なわけではなく，その閉曲線での周回積分がゲージ不変であり，観測可能な物理量なのである．

A4　様々な周波数に対する電気伝導度を測定する際の留意点

物質の電気伝導度の測定方法は，その周波数によって大きく変わる．その理由の1つは**表皮効果**であり，もう1つは**電磁波の放射**である．

A4.1　表 皮 効 果

導体に高周波電磁波が入射するとどのようなことが起こるだろうか？図 A4.1 のように $+z$ 方向に進む電磁波

$$E = E_0 e^{i(kz-\omega t)} \quad (A4.1)$$

が，$z > 0$ を占める導体に垂直に入

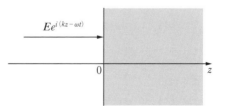

図 A4.1　導体に垂直入射する電磁波

---

5) 外村 彰, 1942.4.25 - 2012.5.2, 日本.

172 付　録

射する．導体（電気伝導度 σ，誘電率 $\varepsilon \equiv \varepsilon_0\varepsilon_r$，透磁率 μ_0）は xy 方向には無限に
広がっているとする．導体内では，オームの法則

$$\boldsymbol{j} = \sigma\boldsymbol{E} \tag{A4.2}$$

が成り立っているので，マクスウェル方程式は，

$$\nabla^2\boldsymbol{E} - \mu_0\sigma\frac{\partial}{\partial t}\boldsymbol{E} - \mu_0\varepsilon\frac{\partial^2}{\partial t^2}\boldsymbol{E} = 0 \tag{A4.3}$$

と変形される．

（A4.1）を（A4.3）に代入することにより，

$$k^2\boldsymbol{E} - i\mu_0\sigma\omega\boldsymbol{E} - \mu_0\varepsilon_0\varepsilon_r\omega^2\boldsymbol{E} = 0 \tag{A4.4}$$

が得られるので，自明でない解があるためには，

$$k = \frac{\omega}{c}\left(\varepsilon_r + i\frac{\sigma}{\varepsilon_0\omega}\right)^{1/2} \equiv \frac{\omega}{c}\tilde{n} \tag{A4.5}$$

$(c^2 \equiv 1/\mu_0\varepsilon_0)$ でなければならない．ここで，

$$\tilde{n} \equiv n + i\kappa = \left(\varepsilon_r + i\frac{\sigma}{\varepsilon_0\omega}\right)^{1/2} \tag{A4.6}$$

は，複素屈折率である．

したがって，電場は

$$\boldsymbol{E} = \boldsymbol{E}_0 e^{i\omega\{(\tilde{n}/c)z - t\}} = \boldsymbol{E}_0 e^{i\omega\{(n/c)z - t\}}e^{-\omega(\kappa/c)z} \tag{A4.7}$$

となり，導体内で減衰することがわかる．その特徴的な距離

$$\delta(\omega) \equiv \frac{c}{\kappa\omega} \tag{A4.8}$$

を，**表皮厚さ**という．

いま，$\sigma/\varepsilon_0\omega \gg 1$ が満たされるとすると，$\sigma/\varepsilon_0\omega$ に対して ε_r を無視して，

$$\tilde{n} \simeq \left(\frac{\sigma}{\varepsilon_0\omega}\right)^{1/2}\left(\frac{1+i}{\sqrt{2}}\right) \tag{A4.9}$$

となるので，$\kappa = (\sigma/\varepsilon_0\omega)/\sqrt{2}$ であることがわかり，

$$\delta = \sqrt{\frac{2}{\sigma\omega\mu_0}} \tag{A4.10}$$

が得られる．

このように，電磁場の周波数が高いほど，また物質の電気伝導度が高いほど，
短い距離で電磁波は減衰する．様々な電気伝導度，周波数に対する表皮厚さを図
A4.2 に示した．

条件 $\sigma/\varepsilon_0\omega \gg 1$ について検討してみよう. 例えば, $\sigma^{-1} = 5\,\mu\Omega\cdot\mathrm{cm}$ とすると, $\omega = 10\,\mathrm{GHz}$ においても, この条件は十分に満たされることがわかる[6]. したがって, 表皮厚さの表式 (A4.8) は, 導体の高周波応答を扱う場合にかなり普遍的な現象である.

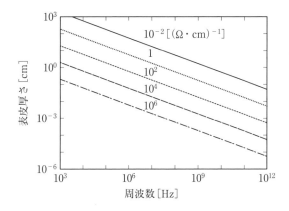

図 A4.2 様々な周波数, 電気伝導度に対する表皮厚さ
(前田京剛 著:「輸送現象測定」(丸善) による)

A4.2 電磁波の放射

本節では, 荷電粒子が加速度運動すると, 電磁波が放射されてエネルギーが失われることをみる. そのためには, 電荷分布や電流分布が時間変化するときにどのような電場・磁場ができるかを求め, それによるエネルギーの損失を議論する. 本節の議論に付随する式変形などは電磁気学や物理数学の成書に譲り, ここでは結果の要点のみを記す.

はじめに, ローレンツゲージのマクスウェル方程式 (A3.1), (A3.2) の解を求める. 一般論や途中の手続きは一切省略して, 以下のような形の解に注目する.

$$\phi(\boldsymbol{r},t) = \frac{1}{4\pi\varepsilon_0}\int d^3\boldsymbol{r}' \frac{\rho(\boldsymbol{r}',t')}{R} \tag{A4.11}$$

$$\boldsymbol{A}(\boldsymbol{r}',t) = \frac{\mu_0}{4\pi}\int d^3\boldsymbol{r}' \frac{\boldsymbol{j}(\boldsymbol{r}',t')}{R} \tag{A4.12}$$

ただし,

$$t' \equiv t - \frac{R}{c} \tag{A4.13}$$

$$R = |\boldsymbol{R}| \equiv |\boldsymbol{r} - \boldsymbol{r}'| \tag{A4.14}$$

である. この解は, 電荷分布や電流分布の情報が離れたところに電磁波の速度で伝わり, それを加え合わせた形になっており, **遅延ポテンシャル**とよばれる.

---

[6] これは, 伝導電流に対して変位電流を無視することを意味し, **準定常電流の近似**とよばれている.

174 付 録

電磁ポテンシャルが求まれば，(A3.6)，(A3.7) に従って，電場・磁場が求まる．その結果は，

$$E(r, t) = -\frac{\mu_0}{4\pi} \int d^3 r' \frac{1}{R} \frac{\partial j_\perp}{\partial t'} \tag{A4.15}$$

$$B(r, t) = \frac{\mu_0}{4\pi c} \int d^3 r' \frac{1}{R} \frac{\partial j_\perp}{\partial t'} \times \hat{R} \simeq \frac{1}{c} \hat{r} \times E \tag{A4.16}$$

と与えられる．ただし，$\hat{R} \equiv R/R$，$j_\perp$ は電流密度の $\hat{R}$ に垂直な成分である．

さらに，この形は，電荷分布，電流分布が有限であるのは空間のごく限られた領域のみであるということを前提としていて，そこから十分に離れた地点での形である．また，電場や磁場には他にもいくつかの項が現れるが，以下のエネルギー散逸の議論でゼロになってしまうものは，無視した．

電荷保存則（連続の式）から，電流密度は電荷密度の時間微分と結び付くことなども利用して，結局，電場は

$$E(r, t) = -\frac{\mu_0}{4\pi r} \frac{\partial^2}{\partial t^2} p_\perp \left(t - \frac{r}{c} \right) \tag{A4.17}$$

と表せることがわかる．ここで，$p_\perp(t - r/c)$ は，時刻 $t - r/c$ での電気双極子モーメントの r に垂直な成分である．これが，荷電粒子が加速度運動したときに生じる電場・磁場（すなわち電磁波）である．

電磁波によるエネルギーの散逸は，電場・磁場のエネルギー U の時間変化に他ならないが，それは，マクスウェル方程式を利用し，ポインティング[7]・ベクトル

$$\mathcal{S} \equiv E \times H \tag{A4.18}$$

を用いて，

$$\frac{dU}{dt} = -\int_{C_\perp} \mathcal{S} \cdot dS \tag{A4.19}$$

（C は閉曲面，dS は C 上の微小面積要素）のように与えられるので，(A4.18) の電場（と (A4.16) の磁場）を用いてこれを求めると，$p \equiv |p|$ として，

$$\frac{dU}{dt} = -\frac{\mu_0 \ddot{p}(t - r/c)^2}{6\pi c} \tag{A4.20}$$

が得られる．

このようにして，荷電粒子が加速度運動すると，双極子モーメントの時間に関する 2 階微分（$\ddot{p}$）の 2 乗に比例したエネルギー散逸が生じることがわかった．

---

7) John Henry Poynting, 1852.9.9 – 1914.3.30, イギリス．

この効果も，周波数が高いほど顕著であることは，上式からも明らかである．

A4.3 集中定数回路・分布定数回路・立体回路

前2節で述べた表皮効果ならびに電磁波の放射が，電気伝導度の測定にどのように影響を与えるであろうか？

通常，直流での物質の電気伝導度（あるいは電気抵抗率）を測定するには，図 A4.3 のように，測定したい試料に電流を流すための端子を2個，それとは別に，電圧を測定するための端子を2個付けて測定する．電流を流す端子と電圧を測る端子を分けるのは，端子における接触電位差などの影響を打ち消すためである．

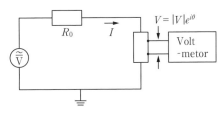

図 A4.3 低周波数における電気伝導度測定

ある方向の電流 I_+ に対する電圧端子の電圧をそれぞれ V_{1+}, V_{2+}，電流を流す方向を逆にしたとき (I_-) の電圧端子の電圧を V_{1-}, V_{2-} とすると，正負の非対称性がないことを前提として，電気抵抗 R は，

$$R = \frac{1}{2}\left(\frac{V_{1+} - V_{2+}}{I_+} + \frac{V_{1-} - V_{2-}}{I_-}\right) \tag{A4.21}$$

で与えられる．電流は，試料と直列に接続した，値が既知の抵抗に発生している電圧を測定することで求める．

交流に対する抵抗測定も基本的には同様で，直流電源の代わりに交流電源を接続し，直流電圧計の代わりに，交流としての振幅と位相を測定できる装置（ロックインアンプ等）を接続するだけである．このとき測定されるのは，**インピーダンス**

$$Z(\omega) \equiv \frac{V(\omega)}{I(\omega)} = R + iX \tag{A4.22}$$

で，実部 R が**抵抗**，虚部 X を**リアクタンス**とよぶ．この逆数を**アドミッタンス**

$$Y(\omega) \equiv G + iB \tag{A4.23}$$

とよび，実部 G を**コンダクタンス**，B を**サセプタンス**という．

いずれにしても，これらに共通した考え方は，試料も含めて，抵抗，インダク

176　付　　録

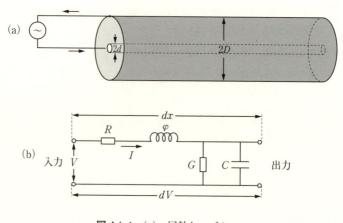

図 A4.4　(a)　同軸ケーブル
　　　　　(b)　同軸ケーブルの等価回路

タンス，キャパシタンスといった回路素子が導線で接続されていて，素子以外の部分はインピーダンス，コンダクタンスをもたないというもので，これを**集中定数回路**の考え方とよぶ．

　これに対して，周波数が高くなると表皮効果により，太い導線では表面しか電流が流れず，伝送効率が落ちる．リード線が細い線の束からできているのは，これを少しでも防ぐためである．また，1本の導線に高周波電流を流そうとすると，表面から電磁波として外部へ逃げて行ってしまう．これらに対する対策としてよく用いられるのが伝送線であり，なかでも最もよく用いられているのが**同軸ケーブル**である（図 A4.4(a)）．

　伝送線では電位差の異なる2本の導体に逆向きに電流を流し，試料（負荷）に電力を供給する．伝送線を積極的に用いるような高周波では，1本の導線を流れる電流も，場所によって大きさや位相が異なる．これは，とりもなおさず，導線自体がもつインダクタンス，また，ゼロでない電位差にある導体間の電気容量が無視できなくなってきていることに他ならない．これが，**分布定数回路**の考え方である．したがって，伝送線は，図 A4.4(b)のような等価回路で表される．

　この場合でも，2本の導線間の電位差 V と導線を流れる電流との間に特性インピーダンス

$$Z_0 \equiv \frac{V}{I} \qquad (A4.24)$$

を定義することができ，端を負荷で終端した場合，そのインピーダンスをZとすると，通常の波の反射同様，複素反射係数rが

$$r = \frac{Z - Z_0}{Z + Z_0} \qquad (A4.25)$$

と表される．したがって，rを複素量として測定することで，試料の複素インピーダンスを測定することができる．これを行う装置が，ネットワークアナライザーである．

さらに周波数が上がり，表皮厚さが試料サイズよりも短くなるような場合は，上記インピーダンスの定義は意味を失う．この場合には，**表面インピーダンス**

$$Z_s \equiv R_s + iX_s \quad (R_s, X_s はそれぞれ，\textbf{表面抵抗，表面リアクタンス})$$
$$(A4.26)$$

が代わりに用いられる．これは，導体が$z > 0$の領域を占めていて，横波の電磁波がz方向に表面に垂直に入射してくるとき，

$$Z_s \equiv \frac{E_{/\!/}(z=0)}{\int \boldsymbol{j}\, dz} = \frac{E_{/\!/}(z=0)}{H_{/\!/}(z=0)} \qquad (A4.27)$$

で定義される量である．ここで，記号 $/\!/$ は表面に平行な成分を表す．

（A4.7）からZ_sを具体的に計算できて，

$$Z_s = \left(\frac{-i\mu_0 \omega}{\tilde{\sigma}} \right)^{1/2} \qquad (A4.28)$$

となる．

このように，表面インピーダンスZ_sは物質の複素伝導度$\tilde{\sigma}$と1対1に結び付く量であり，物質固有の物理量である．「表面」という言葉から勘違いしてはいけない．

表皮効果がこれほどまでに顕著な周波数領域での表面インピーダンスの測定は，電磁波の3次元的な空間分布，進行を具体的に考慮して行わなければならず，そのような装置を**立体回路**とよぶ．マイクロ波を伝える導波管などが，その典型である．

さらに周波数が上がると，光源からの電磁波（光）を反射鏡などを適宜組み合わせながら試料表面に誘導し，その反射率あるいは透過率を測定するという手法を用いることになる．この場合，一定周波数の電磁波を当てるのではなく，適当

178 付　　録

な時間依存性をもつ信号を試料に加え，その応答を時間領域で測定したのち，フーリエ変換により伝導度の周波数依存性を求めるといった手法もしばしば用いられる．電磁波を伝送するというだけならば，現在では**光導波路**（**光ファイバー**）も普通に利用されている．

　様々な周波数領域の電気伝導度の測定については，巻末に紹介する文献等を参照されたい．

参 考 文 献

第 2 章

(1) P. Drude : Annalen der Physik **306**（1900）566, and **308**（1900）369.

(2) M. Born : Z. Physik **37**（1926）863, Nature **119**（1927）354.

(3) E. Schrödinger : Ann. Physik **79**（1926）361, **81**（1926）109.

(4) A. Sommerfeld and H. Bethe : *"Electronentheorieder Metalle"*, Heidelberger Taschenbuch, Bd. 19（Springer, Berlin, Heidelberg, 1967）.

(5) P. A. M. Dirac : Proc. Roy. Soc. London. **A117**（1928）610.

(6) W. Pauli : Phys. Rev. **58**（1940）716.

(7) W. Pauli : Z. Physik **31**（1925）765.

(8) F. Bloch : Z. Physik **52**（1928）555.

(9) D. K. C. MacDonald and K. Mendelssohn : Proc. Roy Soc. London. **A202**（1950）103.

第 3 章

(1) N. Sekine and K. Hirakawa : Phys. Rev. Lett.. **94**（2005）057408.

(2) C. Zener : Proc. Roy. Soc. London. Ser. **A145**（1934）523.

(3) E. H. Hall : Am. J. Math. **2**（1879）287.

第 4 章

(1) L. van Hove : Phys. Rev. **89**（1953）1189.

(2) J. C. Phillips, D. Brust and G. F. Bassani : Proc. Int. Conf. Phys. Semicond. Exeter London. p. 564（1962）.

(3) D. Burst, J. C. Phillips and G. F. Bassani : Phys. Rev. Lett. **9**（1962）94.

(4) U. Fano : Phys. Rev. **103**（1956）1202.

(5) J. J. Hopfield : Phys. Rev. **112**（1958）1555.

第 5 章

(1) H. Fritzsche : J. Phys. Chem. Solids **6**（1958）69.

(2) N. F. Mott : Can. J. Phys. **34**（1956）1356, *ibid.* : Phil. Mag. **6**（1961）287.

(3) P. W. Anderson : Phys. Rev. **109**（1958）1492.

(4) W. J. de Haas and G. J. van den Berg : Physics **3**（1936）440.

(5) J. Kondo : Prog. Theo. Phys. **32**（1964）37.

180 　参 考 文 献

第 6 章

(1)　M. Born J. R. and Oppenheimer : Ann. Physik **84** (1927) 457.

(2)　D. R. Hartree : Proc. Cambridge Phil. Soc. **24** (1928) 111.

(3)　J. C. Slater : Phys. Rev. **35** (1930) 210.

(4)　V. Fock : Z. Physik **61** (1930) 126.

(5)　J. C. Slater, *et al.* : Phys. Rev. **34** (1929) 1293.

(6)　W. Heisenberg : Z. Physik **38** (1926) 411.

(7)　P. A. M. Dirac : Proc. Roy. Soc. **A112** (1926) 661.

(8)　L. D. Landau : Sov. Phys. JETP **3** (1956) 920, *ibid.* : **5** (1957) 101, *ibid* : **8** (1959) 70.

(9)　D. Bohm and D. Pines : Phys. Rev. **82** (1951) 625, *ibid.* : **85** (1952) 338, *ibid.* : **92** (1953) 609.

(10)　J. G. Bednorz and K. A. Müller : Z. Phys. **B64** (1986) 189.

(11)　J. M. Longo and P. M. Raccah : J. Phys. Chem. Solids **6** (1973) 526, および, その中の引用文献.

(12)　L. F. Mattheiss : Phys. Rev. Lett. **58** (1987) 1028.

(13)　J. Hubbard : Proc. Roy. Soc. London. **A276** (1365) 238, *ibid.* : **A277** (1964) 237, *ibid* : **A281** (1964) 401.

第 7 章

(1)　J. Johnson : Phys. Rev. **32** (1928) 97.

(2)　H. Nyquist : Phys. Rev. **32** (1928) 110.

(3)　W. Schottky : Ann. Physik **57** (1918) 541.

(4)　N. Wiener : Acta Mathematica **55** (1930) 117, A. Khintchine : Mathematische Annalen. **109** (1934) 604.

(5)　R. Kubo : J. Phys. Soc. Jpn. **12** (1957) 570.

(6)　A. Maeda, K. Uchinokura and S. Tanaka : J. Phys. Soc. Jpn. **56** (1987) 3598.

(7)　P. Dutta and P. M. Horn : Rev. Mod. Phys. **53** (1981) 497.

(8)　武者利光 :「ゆらぎの世界 自然界の $1/f$ ゆらぎの不思議」(講談社ブルーバックス, 1980)

第 8 章

(1)　E. J. Ryder : Phys. Rev. **90** (1953) 766.

(2)　G. Lautz : Festkörper-Probleme **VI**, 21 (Vieweg, Braunschweig, 1961)

(3)　B. K. Ridley and T. B. Watkins : Proc. Phys. Soc. London. **78** (1961) 293, B. K. Ridley : Proc. Phys. Soc. London. **82** (1963) 954.

参考文献 181

(4) C. Hilsum : Proc. IRE **50** (1962) 185.

(5) J. B. Gunn : Solid State Commun. **1** (1963) 88.

(6) R.E. Peierls : *"Quantum theory of solids"*, chap. 5 (Oxford Univ. Press, 1955)

(7) H. Fröhlich : Proc. Roy. Soc. (London) **A223** (1954) 296.

(8) P. A. Lee, T. M. Rice and P. W. Anderson : Solid State Commun. **14** (1974) 703.

(9) R. M. Fleming and C. C. Grimes : Phys. Rev. Lett. **42** (1979) 1423.

(10) A. Maeda, M. Naito and S. Tanaka : J. Phys. Soc. Jpn. **54** (1985) 1912.

(11) K. Bechgaard, *et al.* : Solid State Commun. **33** (1980) 1119.

(12) 野村一成・三本木 孝：固体物理, **26** (1991) 163.

(13) S. Carter, *et al.* : Phys. Rev. Lett. **77** (1996) 1378.

(14) M. Uehara, *et al.* : J. Phys. Soc. Jpn. **65** (1996) 2764.

(15) K. Shirahama, *et al.* : Phys. Rev. Lett. **74** (1995) 781.

(16) C. C. Li, *et al.* : Phys. Rev. Lett. **79** (1997) 1353.

(17) H. Kitano, *et al.* : Europhys. Lett. **56** (2001) 434, および, 北野晴久・前田京剛 : 固体物理, **42** (2007) 225.

(18) 前田京剛：表面科学, **30** (2009) 580 - 586, A. Maeda, *et al.* : Phys. Rev. Lett. **94** (2005) 077001/1-4, D. Nakamura, *et al.* : J. Phys. Cond.Matter. **22** (2010) 445702/1-7.

(19) R. G. Chambers : Proc. Roy. Soc. (London) **A202** (1950) 378.

(20) R. Landauer : IBM J. Res. Dev. **1** (1957) 223, and Phil. Mag. **21** (1970) 863.

(21) R. A. Webb, *et al.* : Phys. Rev. Lett. **54** (1985) 2696.

(22) S. Washburn, *et al.* : Phys. Rev. **B32** (1985) 4789.

(23) K. von Klitzing, *et al.* : Phys. Rev. Lett. **45** (1980) 494.

(24) L. D. Landau : Z. Physik : **64** (1930) 629.

(25) T. Ando : J. Phys. Soc. Jpn. **52** (1983) 1893, *ibid.* : **53** (1983) 310 and 3126, *ibid* : Phys. Rev. **B40** (1989) 9965.

(26) Y. Ono : J. Phys. Soc. Jpn. **51** (1982) 2055, *ibid.* : **51** (1982) 3544, *ibid* : **52** (1983) 2492, *ibid.* : **53** (1984) 2342.

(27) S. Hikami : Phys. Rev. **B29** (1984) 3726, *ibid.* : Prog. Theo. Phys. **72** (1984) 722, *ibid* : **76** (1986) 1210.

(28) D. C. Tusi, H. L. Stormer and A. C. Gossard : Phys. Rev. Lett. **48** (1982) 1559.

(29) R. B. Laughlin : Phys. Rev. Lett. **50** (1983) 349.

(30) L. Saminadayar, *et al.* : Phys. Rev. Lett. **79** (1997) 2526, R. de-Picciotto, *et al.* : Nature **389** (1997) 162.

(31) C. L. Kane and E. J. Mele : Phys. Rev. Lett. **95** (2005) 146802.

182　参 考 文 献

(32)　E. Majorana : Il Nuovo Cimento（in Italian）**14**（1937）171.

(33)　D. J. Thouless, M. Kohmoto, M. P. Nightingale and M. den Nijs : Phys. Rev. Lett. **49**（1982）405, M. Kohmoto : Ann. Phys. **160**（1985）343. : ただし，この立場でも，磁場を変化させたときに σ_{xy} が変化する様子を忠実に再現できるわけではない.

(34)　M. Büttiker : Phys. Rev. **B8**（1988）9375.

(35)　S. Komiyama and H. Hirai : Phys. Rev. **B54**（1996）2067.

(36)　S. Komiyama : *"Edge states and nonlocal effects"* in *"Mesoscopicphysics and electronics"* p. 120（T. Ando, Y. Arakawa, K. Furuya, S. Komiyama and H. Nakashima（eds.））（Springer, 1998）.

(37)　小宮山 進：固体物理，**54**（2019）171.

(38)　H. Kammerling=Onnes : Leiden Commun. 120b, 122b, 121c（1911）

(39)　J. Bardeen, L. N. Cooper and J. R. Schrieffer : Phys. Rev. **108**（1957）1175.

(40)　J. G. Bednorz and K. A. Müller : Z. Physik **B64**（1986）189.

(41)　N. Takeshita, *et al.* : J. Phys. Soc. Jpn. **82**（2013）023711.

(42)　A.P. Drozdov, *et al.* : Nature **525**（2015）73, M. Somayazulu, *et al.* : Phys. Rev. Lett. **122**（2019）27001.

(43)　W. Meissner and R. Ochsenfeld : Naturwissenschaften **21**（1933）359.

(44)　R. Doll and M. Näbaur : Phys. Rev. Lett. **7**（1961）51, B. S. Deaver and W. M. Fairbank : Phys. Rev. Lett. **7**（1961）43.

(45)　W. A. Little and R. D. Parks : Phys. Rev. Lett. **9**（1962）9, R. D. Parks and W. A. Little : Phys. Rev. **133**（1963）A97.

(46)　B. D. Josephson : Phys. Lett. **1**（1962）251.

(47)　F. London and H. London : Z. Physik **96**（1935）359.

(48)　V. L. Ginzburg and L. D. Landau : Sov. Phys. JETP **20**（1950）1064.

(49)　L. N. Cooper : Phys. Rev. **104**（1956）1189.

(50)　A. A. Abrikosov : Sov. Phys. JETP **5**（1957）1174.

付　録

(1)　J. A. Osborn : Phys. Rev. **67**（1945）351.

(2)　J. Zak : Phys. Rev. **168**（1968）686–695.

(3)　筒井 泉：パリティ，**33**，No. 8（2018）62.

(4)　E. Noether : Nachr. Ges. Wiss. Gottingen（1918）235.

(5)　Y. Aharonov and D. Bohm : Phys. Rev. **115**（1959）485–491.

(6)　A. Tonomura, *et al.* : Phys. Rev. Lett. **56**（1986）792–795.

より進んだ内容の参考書

　各項目のどれについても，教科書は古今東西の名著から簡便なものまで，「星の数ほど」ある．後者については読者の選択にお任せするとして，ここでは，前者のものを中心にいくつか挙げる．

電磁気学
- 太田浩一 著：「電磁気学の基礎 I, II」（東京大学出版会，2012）
- W. K. H. Panofsky and M. Philips : *Classical Electricity and Magnetism* (2nd ed.)（Addison Wesley, 1983）
  林 忠四郎・天野恒雄 共訳：「新版 電磁気学（上・下）」（吉岡書店，2002）（上記の翻訳版）
- J. D. Jackson : *Classical Electrodynamics* (3rd ed.)（John Wiley and Sons, 1999）.
  西田 稔 訳：「電磁気学（上・下）」（吉岡書店，2002）（上記の翻訳版）
- 後藤憲一・山崎修一郎 共編：「詳解 電磁気学演習」（共立出版，1970）

量子力学
- L. I. Schiff : *Quantum Mechanics*（McGraw-Hill Kogakusha, Tokyo, 1955）
  井上 健 訳：「新版 量子力学（2分冊）」（吉岡書店，1970）（上記の翻訳版）
- J. J. Sakurai : *Modern Quantum Mechanics*（Ed. S. F. Tuan）（Benjamin, Menlo Park, 1985）
  桜井明夫 訳：「現代の量子力学」（吉岡書店，2014）（上記の翻訳版）
- A. Messiah : *Quantum Mechanics*（2 vol.）（Dover, New York, 1981）
  小出昭一郎・田村二郎 訳：「量子力学（3分冊）」（東京図書，1971～1972）（上記の翻訳版）
- 朝永振一郎 著：「量子力学（第二版）（2分冊）」（みすず書房，2008）
  　著者自ら述べているように，あまり急がずに量子力学を学びたいという人のための教科書．朝永ファン垂涎の書．
- 朝永振一郎 著：「スピンはめぐる」（みすず書房，1969）
  　上記「量子力学」の続編という位置づけで捉えられる．量子論の発展を，建設者の一人として，他の天才たちと同じ視線で捉えることのできる，著者ならではの伝説的名著といってよいだろう．

184   より進んだ内容の参考書

固体物理学

- C. Kittel : *Introduction to Solid State Physics* (*ISSP*) (8th ed.) (John Wiley & Sons, New York, 2005)

  宇野良清・津屋昇・新関駒二郎・森田章・山下二郎 共訳：「固体物理学入門（2分冊）」（丸善出版，2005）（上記の翻訳版）

  　図版が豊富で，ハンドブック的に使うのにはよい．

- N. Ashcroft and N. D. Mermin : *Solid State Physics* (Cengage Learning, Singapore, 2016)

  松原武生・町田一成 訳：「固体物理の基礎（4分冊）」（翻訳は初版のもの）（吉岡書店，1981）（上記の翻訳版）

  　1976年に出版された初版の改訂版．初版は，個々の記述，ストーリーの構成ともにポリシーが明確で非常に良かった．部分的に発展的な記述もみられるにもかかわらず，非常にわかりやすい．改訂版では，章立てや章の順番が多少変更され，銅酸化物高温超伝導，スピントロニクス，量子ホール効果，諸プローブによる物質の評価，様々な半導体デバイスなどの話題も加わっている．ただし，銅酸化物高温超伝導の部分はあまりお勧めできない．

- F. Wooten : *Optical Properties of Solids* (Academic press, 1972)

  　文字通り，物質の交流応答，特に光物性についての教科書．

- 工藤恵栄 著：「光物性基礎」（オーム社，1996）

  　同じく光物性の日本語による教科書．

- 前田京剛・加藤雄介 共著：「物性物理学演習」（吉岡書店，2006）

  　アシュクロフト-マーミンの教科書（初版）の演習問題解答集．

- F. Han : *Problems in Solid State Physics with Solutions* (World Scientic, 2012)

  　全30章から成り，問題と解答が交互に出てくるので使いやすい．

電気伝導

　本書と同じ，「電気伝導」がテーマの教科書である．

- 阿部龍蔵 著：「電気伝導」（新物理学シリーズ8）（培風館，1969）
- 鈴木実 著：「固体物性と電気伝導」（森北出版，2014）
- 内田慎一 著：「固体の電子輸送現象」（内田老鶴圃，2015）

雑音・ゆらぎ

- 日野幹雄 著：「スペクトル解析」（朝倉書店，1977）

半導体・半導体デバイス

- K. Seeger : *Semiconductor Physics-an introduction-* (Springer, 1989)

より進んだ内容の参考書　185

山本恵一・林 真至・青木和徳 共訳:「セミコンダクターの物理学（2分冊）」（吉
岡書店，1991）（上記の翻訳版）
- S. M. Sze and K. K. Ng: *Physics of semiconductor devices* (3rd ed.) (John Wiley and sons, 2006)
柳井久義・小田川嘉一郎・生駒俊明 共訳:「半導体デバイスの物理（2分冊）」
（コロナ社，1974 ～ 1975）（上記の翻訳版）

超 伝 導
- M. Thinkham: *Introduction to Superconductivity* (2nd ed.) (McGraw-Hill, 1996)
青木亮三・門脇和男 共訳:「超伝導入門（上下）」（吉岡書店，2006）（上記の翻訳版）
- R. D. Parks (eds.): *Superconductivity* (2 vol.) (Marcel Dekker, 1969)
- 内野倉國光・前田京剛・寺崎一郎 共著:「高温超伝導体の物性」（アドバンスト・エレクトロニクス・シリーズ）（培風館，1995）
- 立木 昌・藤田敏三 編:「高温超伝導体の科学」（裳華房，1999）
- 福山秀敏・秋光 純 編:「超伝導ハンドブック」（朝倉書店，2009）
- 門脇和男 編:「超伝導磁束状態の物理」（裳華房，2017）
- 前田京剛 著:「学会誌の記事を楽しく読むために：超伝導編」（日本物理学会誌，**62**（2007）378.）
　　この中で，超伝導の参考文献を多く紹介しているので，これも参考にされるとよい.

その他，本書で触れた発展的な話題
- 小野嘉之:「金属絶縁体転移」（朝倉物性物理シリーズ 1）（朝倉書店，2002）
　　パイエルス転移・アンダーソン局在などが詳細に解説されている.
- 長岡洋介・安藤恒也・高山 一 共著:「局在・量子ホール効果・密度波」（岩波講座 現代の物理学 18，岩波書店，1993）
- 山田耕作 著:「電子相関」（岩波講座 現代の物理学 16，岩波書店，1993）
- 吉岡大二郎 著:「量子ホール効果」（新物理学選書，岩波書店，1998）
- 川畑有郷 著:「メゾスコピック系の物理学」（新物理学シリーズ，培風館，1997）
- 近藤 淳 著:「金属電子論」（物理学選書，裳華房，1983）
　　近藤効果の発見者による近藤効果の解説書.
- 内野倉國光・前田京剛 共著:「擬一次元物質の物性」（物理学最前線 28，共立出版，1991）
　　CDW の滑り運動について詳しい.
- 斎藤英治・村上修一 共著:「スピン流とトポロジカル絶縁体」（基礎法則から読

186　　より進んだ内容の参考書

み解く物理学最前線 1，共立出版，2014)
- 野村健太郎 著：「トポロジカル絶縁体・超伝導体」(現代理論物理学シリーズ，丸善出版，2016)

電気伝導度測定・エレクトロニクス

- 霜田光一・桜井捷海 共著：「エレクトロニクスの基礎 (新版)」(物理学選書，裳華房，1983)
- 桜井捷海・霜田光一 共著：「応用エレクトロニクス」(物理学選書，裳華房，1984)
- 大塚洋一・小林俊一 編：「輸送現象測定」(実験物理学講座 11) (丸善出版，1999)

お わ り に

　自分が学部3年生のときの秋，K. Wilson が，ある意味，近藤効果の最終理解と
もいえなくもない，繰り込み群理論の建設という業績で，ノーベル物理学賞を受
賞した．自分が物理関係の学科に進学し，物理学を専攻すると決めて，そういう
モードで勉学をはじめた頃だったので，とても印象に残っている．これと前後し
て，量子ホール効果が発見され，…と昔を振り返ると，本書で紹介した進んだ話
題のほとんどが，自分が大学院に進学した頃からいままでの間に発見された，あ
るいは，活発に議論されてきたことなのだと，改めて認識すると大変に感慨深い
ものがある．

　そして，それらの理解には，物理学の中でも異分野交流が時として本質的な役
割を果たした．（やや古いが）その最もわかりやすい例が，超伝導の微視的理解で
あろう．その突破口となった，クーパー対の考え方は，固体物理と素粒子論の融
合の賜物といえよう．そして，銅酸化物の高温超伝導の発見で一気に表舞台に躍
り出た強相関の問題にも，素粒子論のアイデアがどんどん適用され，その難解さ
はとどまるところを知らず，実験家がそれをフォローするのもなかなか容易でな
くなってきた．

　それと関係があるのかもしれないが，学会などに出席していて，最近しばしば
感じることは，研究テーマの多様性があまりなくなってきたのではないかという
ことである．そのような背景を踏まえて，本書では，なるべく平易な記述を目指
したのだが，どの程度，果たせているだろうか？少しでも多くの人が基本的事項
の理解を共有することで，今後，多様な物性物理研究の世界を展開させなければ
ならないと感じる昨今である．

演習問題略解

第 1 章

[1] 1.1節において $P = IV = IR^2$, $I = Sj$, $V = EL$ より，単位体積当たりのジュール熱は，

$$w = \frac{W}{SL} = \frac{Sj \cdot EL}{SL} = jE$$

したがって，

$$w = \boldsymbol{j} \cdot \boldsymbol{E}$$

[2] 双極子モーメントは，$p = q\delta$（q, δ はそれぞれ，電荷，ずれの大きさ）と表せる．単位体積中の原子の数を n，表面の単位面積当たりに現れる電荷を $\pm \sigma_P$ と書くと，

$$\sigma_P = n \times (\delta \times 1) \times q = n(q\delta) = np$$

したがって，双極子モーメントの体積和は，表面の単位面積当たりの電荷密度に等しい．

第 2 章

[1] (1) $(4\pi/3) r_s^3 = 1/n$ より，

$$r_s = \left(\frac{1}{n} \frac{1}{4\pi/3} \right)^{1/3} = 0.620 \times n^{-1/3}$$

ボーア半径 $a_0 = 4\pi\varepsilon_0\hbar^2/me^2 = 5.29 \times 10^{-9}$ cm であるので，

$$\frac{r_s}{a_0} = 1.17 \times 10^8 \, n^{-1/3} \qquad (n \text{ in cm}^{-3})$$

Cu では，$n = 8.47 \times 10^{22}$ cm^{-3}. したがって，$n^{-1/3} = 2.27 \times 10^{-8}$ cm. ゆえに，$\lambda = r_s/a_0 = 2.66$.

(2) $\begin{aligned}[t] v_F &= \frac{\hbar k_F}{m} = \frac{\hbar}{m} (3\pi^2 n)^{1/3} = \frac{\hbar}{m} (3\pi^2)^{1/3} \frac{0.620}{r_s} \\ &= a_0 \frac{\hbar}{e^2} \frac{1}{4\pi\varepsilon_0} (3\pi^2)^{1/3} \frac{0.620}{r_s} \\ &= \frac{4.20}{r_s/a_0} \times 10^8 \, \text{cm} \cdot \text{s}^{-1} \\ &= \frac{4.20}{\lambda} \times 10^8 \, \text{cm} \cdot \text{s}^{-1} \end{aligned}$

ただし，2行目では，水素原子のボーア半径の表式 $a_0 = 4\pi\varepsilon_0\hbar^2/me^2$ を利用した．

$$E_F = \frac{\hbar^2(3\pi^2 n)^{2/3}}{2m}$$

$$= \frac{\hbar^2}{2m}(3\pi^2)^{2/3}\frac{(0.620)^2}{r_s^2}$$

$$= \frac{a_0 e^2}{4\pi\varepsilon_0 \times 2}(3\pi^2)^{2/3}\frac{(0.620)^2}{r_s^2}$$

$$= \frac{e^2}{4\pi\varepsilon_0 \times 2a_0}(3\pi^2)^{2/3}\frac{(0.620)^2}{(r_s/a_0)^2}$$

$$= \frac{50.1}{\lambda^2}\,\text{eV}$$

ただし，2行目から3行目では，水素原子のイオン化エネルギーの表式 $E_0 = me^4/2(4\pi\varepsilon_0)^2\hbar^2 = e^2/(4\pi\varepsilon_0 \times 2a_0) = 13.6\,\text{eV}$ を利用した．

(3) $\lambda = r_s/a_0 = 2.66$ を代入して，$7.08\,\text{eV}$．

[2] $P = -(\partial E/\partial V)_N$，$E = \{2V/(2\pi)^3\}\int d\boldsymbol{k}\,(\hbar^2 k^2/2m) = (V/\pi^2)(\hbar^2 k_F^5/10m)$，$n = N/V = k_F^3/3\pi^2$ を利用すると，$E = (3/5)NE_F$．以上より，$P = -(\partial E/\partial V)_N = (2/3)(E/V) = (2/5)(N/V)E_F$．したがって，状態方程式は，

$$PV = \frac{2}{5}NE_F$$

この結果を古典理想気体の状態方程式と比べると，幾何学的因子 $(2/5)$ を除けば，$k_B T \to E_F$ と置き換えた形になっている．

[3] E_F を中心に幅 $k_B T$ のエネルギー範囲の電子が熱的自由度をもつ．1個の自由度につき，エネルギー $\varepsilon \sim k_B T$ であるので，エネルギーの変化分は，$\Delta E = k_B T \times k_B T \times D(E)$．ここで，$E = E_F$ における $D(E)$ はエネルギー状態密度（演習問題 [6]）である．したがって，$C \sim \partial\Delta E/\partial T = 2k_B^2 D(E_F)T$．正確な計算によると，因子2の代わりに $\pi^2/3$ が現れるが，このような簡単な評価でも大した差がないことがわかる．

演習問題 [6] によると，$D(E) = dN/dE = 3N/2E$ であるので，$D(E_F) = (3/2)(N/E_F)$．したがって，$C \sim 2k_B(3/2)(k_B T/E_F)N = (3Nk_B)(k_B T/E_F)$．この表式をみると，古典的な計算に比べて，熱的自由度が $k_B T/E_F$ 程度になっていることがわかる．

[4] $\varphi(\boldsymbol{r}) = u_k(\boldsymbol{r})e^{i\boldsymbol{k}\cdot\boldsymbol{r}}$．したがって，

$$\varphi(\boldsymbol{r}+\boldsymbol{R}) = u_k(\boldsymbol{r}+\boldsymbol{R})e^{i\boldsymbol{k}\cdot(\boldsymbol{r}+\boldsymbol{R})}$$

$$= u_k(\boldsymbol{r})e^{i\boldsymbol{k}\cdot\boldsymbol{r}}e^{i\boldsymbol{k}\cdot\boldsymbol{R}}$$

$$= e^{i\boldsymbol{k}\cdot\boldsymbol{R}}\varphi(\boldsymbol{r})$$

190　演習問題略解

[5]　(1)　$k_F = (2\pi/a)\sqrt{1/\pi}$. 図は省略.

(2)　$(1,0)$ 方向では，ゾーン境界で $E = (\pi/a)^2 (\hbar^2/2m)$. 一方，$(1,1)$ 方向では，フェルミ面上で $E_F = (\pi/a)^2 (4/\pi)(\hbar^2/2m)$. ポテンシャルが弱ければ，分裂する上のバンドに対しても，$(1,0)$ 方向のゾーン境界の方がフェルミエネルギーよりも低いので，そこに電子が入る. こうして，金属状態になる. これが，2価の金属（例：アルカリ土類金属）が存在できる理由である. 一方，ポテンシャルが強ければ，電子はすべて下のバンドを占有し，絶縁体になる.

[6]

$$D(E)\, dE = 2\frac{1}{(2\pi)^d} \int d\boldsymbol{k} = \begin{cases} 4\pi k^2\, dk & (d = 3) \\ 2\pi k\, dk & (d = 2) \\ 2\, dk & (d = 1) \end{cases}$$

また，$E = (\hbar^2/2m)\, k^2$. これらより，

$$3 次元:\quad D(E) = \frac{(2m)^{2/3}}{2\pi^2 \hbar^3}\, E^{1/2}$$

$$2 次元:\quad D(E) = \frac{2m}{2\pi\hbar^2}$$

$$1 次元:\quad D(E) = \frac{(2m)^{1/2}}{\pi\hbar}\, E^{-1/2}$$

第　3　章

[1]　電場によって得られるエネルギーをエネルギーギャップと等置して $eEa = E_g$ なので，これに数値を代入して電場 E を求めると，$E \sim 2.0 \times 10^7\,\mathrm{V \cdot cm^{-1}}$. 一方，ツェナートンネルが顕著になる電場の式 (3.17) を評価すると，$3.0 \times 10^7\,\mathrm{V \cdot cm^{-1}}$. どちらの評価でも，同程度の極めて高い電場が出てくる.

[2]　(1)

次元	n	k_F
3	N/L^3	$(3\pi^2 n)^{1/3}$
2	N/L^2	$(2\pi n)^{1/2}$
1	N/L	$(1/2)\pi n$

を用いて，$\sigma = ne^2\tau/m$ を変形すれば導ける.

(2)　$V = RI$ から，$[R] = [V]/[I]$. $[V] = \mathrm{MLT^{-2}L(IT)^{-1}}$，$[I] = \mathrm{I}$ であるので，$[R] = \mathrm{ML^2 T^{-3} I^{-2}}$. 一方，$[h/e^2] = \mathrm{MLT^{-2}LT/(IT)^2} = \mathrm{ML^2 T^{-3} I^{-2}}$. したがって，$[h/e^2] = [R]$. 数値を代入すると，

$$\frac{h}{e^2} = 25.8\,\mathrm{k\Omega}$$

[3] $j_y = n_1 q_1 v_{1y} + n_2 q_2 v_{2y} = 0$ から，ホール効果 ρ と磁気抵抗 R を求めると，

$$\rho = \frac{\rho_1(\rho_2^2 + R_2^2 H^2) + \rho_2(\rho_1^2 + R_1^2 H^2)}{(\rho_1 + \rho_2)^2 + (R_1 + R_2)^2 H^2}$$

$$= \frac{\rho_1\rho_2(\rho_1 + \rho_2) + (\rho_1 R_2^2 + \rho_2 R_1^2)H^2}{(\rho_1 + \rho_2)^2 + (R_1 + R_2)^2 H^2}$$

$$R = \frac{R_1\rho_2^2 + R_2\rho_1^2 + R_1 R_2(R_1 + R_2)H^2}{(\rho_1 + \rho_2)^2 + (R_1 + R_2)^2 H^2}$$

となる．これより，弱磁場において R は磁場の 2 乗に比例して増加することがわかる．

[4] 等方的な場合は，フェルミ面上の積分によって，v_x, v_y 等の交差項はすべて消える．一方，$v_x^2/v_F = (1/3)\,v_F$，$dS = 4\pi k_F^2$ であるので，

$$\sigma_{xx} = \frac{2}{(2\pi)^3} \frac{e^2}{\hbar} \tau \frac{1}{3} v_F 4\pi k_F^2$$

$$= \frac{1}{3\pi^2} e^2\tau \frac{v_F}{\hbar k_F} k_F^3$$

$$= \frac{ne^2\tau}{m}$$

σ_{yy}, σ_{zz} についても同様に求めることができる．

第 4 章

[1] (1) $\tilde{\sigma} = \dfrac{\sigma_0}{1 - \omega\tau}$, $\quad \therefore \ \tilde{\varepsilon} = -\dfrac{1}{i\omega}\tilde{\sigma} + \varepsilon_0 = \varepsilon_0\left\{1 + i\left(\dfrac{\omega_p}{\omega}\right)^2 \dfrac{\omega\tau}{1 - i\omega\tau}\right\}$

ただし，

$$\omega_p^2 = \frac{ne^2}{\varepsilon_0 m} \qquad (\text{プラズマ周波数})$$

したがって，

$$\varepsilon_1 = \varepsilon_0\left\{1 - \left(\frac{\omega_p}{\omega}\right)^2 \frac{(\omega\tau)^2}{1 + (\omega\tau)^2}\right\}$$

$$\varepsilon_2 = \varepsilon_0\left(\frac{\omega_p}{\omega}\right)^2 \frac{\omega\tau}{1 + (\omega\tau)^2}$$

(2) $\varepsilon_1 = 0$ より，$\omega = \sqrt{\omega_p^2 - \dfrac{1}{\tau^2}} \simeq \omega_p$

(3) 例えば，$n = 5 \times 10^{22}\,\mathrm{cm}^{-3}$，$m$ を自由電子の質量とすると，$\omega_p = 1.26 \times 10^{16}\,\mathrm{Hz} = 8.25\,\mathrm{eV}$．これは，波長にすると $1500\,\mathrm{Å}$．したがって，（真空）紫

192　演習問題略解

外域になる.

（4）　$\tau \sim 10^{-14}\,\mathrm{sec}$ であるので，$\omega \simeq \omega_\mathrm{p}$ のときは，$\omega\tau \gg 1$. このとき,

$$\frac{\varepsilon_2}{\varepsilon_1} \simeq -\frac{1}{\omega\tau} \ll 1$$

なので，$\bar{\varepsilon}$ は，ほぼ負の実数であるとみなせる. このとき，$\sqrt{\bar{\varepsilon}} \equiv \lambda$ とおくと，λ は純虚数であるから，R の定義より $R=1$ になる. したがって，$\omega < \omega_\mathrm{p}$ では反射率が 1 になる.

（5）　以上のことより，金属に電磁波が入射すると，紫外域以下の周波数の電磁波はほとんどすべて反射されてしまうことになる. この中には，可視光もすべて含まれる. したがって，これは金属が光沢をもつことを説明していることになる.

［2］　最初に，適当にスケール変換を行い，(4.37) を等方化しておく. すなわち,

$$\varepsilon(\boldsymbol{k}) = \varepsilon(\boldsymbol{k}_\mathrm{c}) + \beta_1 k_1^2 + \beta_2 k_2^2 + \beta_3 k_3^2$$
$$= E_0 + u_1 s_1^2 + u_2 s_2^2 + u_3 s_3^2$$

ただし,

$$s_i \equiv a_i k_i$$

また，u_i は $+1$ または -1 である. すると，結合状態密度 (4.36) は,

$$J_\mathrm{cv} = \frac{1}{(2\pi)^3} \frac{1}{(a_1 a_2 a_3)^{1/2}} \int_{S(E)} \frac{dS}{s} \qquad (s^2 \equiv s_1^2 + s_2^2 + s_3^2)$$

と変形できる.

（ i ）　u_1, u_2, u_3 のすべてが正のときは，E_0 はエネルギーの極小点になる. この場合，J_cv は等エネルギー面で囲まれる楕円体の体積を与えるので,

$$J_\mathrm{cv} = 0 \qquad (E < E_0)$$
$$J_\mathrm{cv} \propto (E - E_0)^{1/2} \qquad (E > E_0)$$

となる. このようなタイプの特異点を M_0 とよんでいる. エネルギーの極大の場合 (M_3) も，定性的には同じになる.

（ ii ）　これ以外のときは，等エネルギー面は鞍点となる. 2 個の u_i が正，1 個が負（例えば，$u_1 > 0,\ u_2 > 0,\ u_3 < 0$）のとき M_1 は,

$$E - E_0 = s_1^2 + s_2^2 - s_3^2 \equiv r^2 - s_3^2$$

であり，等エネルギー面は，$E < E_0$ か $E > E_0$ かによって，2 種類の回転双曲面（$E = E_0$ では円錐）である. この場合は，適当な定数を η として，$s^2 = r^2 + s_3^2 \leq \eta$ の範囲で積分を行うことで,

$$J_\mathrm{cv} \propto \int ds_3 \propto \begin{cases} C - (E_0 - E)^{1/2} & (E < E_0) \\ C & (E > E_0) \end{cases}$$

が得られる（C は定数）. 係数の 2 個が負，1 個が正の場合 (M_2) の場合も同様の議論をすればよい.

第 4 章　193

[3]　注目しているフォノンモードの変位を $\boldsymbol{u}$, 電荷を q, 換算質量を μ, 原子の総数を N とすると,

$$\boldsymbol{P} = Nq\boldsymbol{u}$$

$$\mu \frac{d^2\boldsymbol{u}}{dt^2} = -\mu\omega_0\boldsymbol{u} + q\boldsymbol{E}$$

また, マクスウェル方程式 $\mathrm{rot}\,\boldsymbol{E} = -\partial\boldsymbol{B}/\partial t$ の両辺の rot をとり, $\mathrm{rot}\,\boldsymbol{H} = \partial\boldsymbol{D}/\partial t$ および $\boldsymbol{D} = \varepsilon\boldsymbol{E} + \boldsymbol{P}$ を利用し, さらに, $e^{i(\boldsymbol{K}\cdot\boldsymbol{r}-\omega t)}$ の進行波解を仮定することで,

$$(\omega_0^2 - \omega^2)\boldsymbol{P} - \frac{Nq^2}{\mu}\boldsymbol{E} = 0$$

$$-\omega^2\boldsymbol{P} + (c^2\boldsymbol{K}^2 - \omega^2)\varepsilon_0\boldsymbol{E} = 0$$

が得られる. 自明でない解が存在するために, 係数でつくる行列式がゼロでないという条件を満たさなければならないので,

$$\omega^4 - \left(\omega_0^2 + \frac{Nq^2}{\mu\epsilon_0} - c^2K^2\right)\varepsilon_0\omega^2 + \omega_0^2 c^2 K^2 \varepsilon_0 = 0$$

の ω^2 に対する 2 次方程式が得られる. この解がポラリトンの分散を与える. 特に, $\boldsymbol{K}\sim 0$ のときは, 2 つの解は,

$$\omega_0^2 \simeq 0 \qquad (\text{フォトン的})$$

$$\omega^2 = \omega_{\mathrm{TO}}^2 + \frac{Ne^2}{\epsilon_0\mu}$$

となり, 後者は ω_{LO} に等しいことがわかる.

[4]　$s \equiv t - t'$ とおくと,

$$\Delta x(t) = \chi^\infty F(t) + \int_{-\infty}^{t} dt'\,\Phi(t-t')\,F(t')$$

$$= \chi^\infty F(t) + \int_0^\infty ds\,\Phi(s)\,F(t-s)$$

$$\Delta x(\omega) = \frac{1}{2\pi}\int_{-\infty}^{\infty} e^{-i\omega t}\,\Delta\boldsymbol{x}(t)$$

$$= \chi^\infty F(\omega) + \frac{1}{2\pi}\int_{-\infty}^{\infty} dt \int_0^\infty ds\,\Phi(s)\,F(t-s)\,e^{-i\omega t}$$

$$= \chi^\infty F(\omega) + \int_0^\infty ds\left[\frac{1}{2\pi}\int_{-\infty}^{\infty} d(t-s)\,F(t-s)\,e^{-i\omega(t-s)}\right]\Phi(s)\,e^{-i\omega s}$$

$$= \chi^\infty F(\omega) + \int_0^\infty ds\,\Phi(s)\,e^{-i\omega s}\,F(\omega)$$

よって, $\chi(\omega) = \dfrac{\Delta x(\omega)}{F(\omega)} = \chi^\infty + \displaystyle\int_0^\infty ds\,\Phi(s)\,e^{-i\omega s}.$

194   演習問題略解

第 5 章

[1] 水素原子の 1 s 状態のエネルギーの表式中,

$$m \to m_e^*, \qquad \varepsilon_0 \to \varepsilon\varepsilon_r$$

とおきかえることで,

$$E_D = \frac{e^4 m_e^*}{2(4\pi\varepsilon_r\varepsilon_0\hbar)^2} = 13.6 \,\mathrm{eV} \times \frac{m_e^*/m}{\varepsilon_r^2}$$

$$a_D = \frac{4\pi\varepsilon_r\varepsilon_0\hbar^2}{m_e^* e^2} = 0.53 \,\mathrm{\AA} \times \frac{\varepsilon_r}{m_e^*/m}$$

Si, Ge で $(m_e^*/m)/\varepsilon_r^2$ はそれぞれ, 1.46×10^{-3}, 4.01×10^{-4} であるので, E_D は
それぞれ, $19.9 \,\mathrm{meV} = 230 \,\mathrm{K}$, $5.45 \,\mathrm{meV} = 63.2 \,\mathrm{K}$ となる.

[2] $$H\phi = E\phi, \qquad \phi = A\phi_1 + B\phi_2$$

である. 例えば, 左から ϕ_1^* を掛けて積分すると, $\langle\phi_1|\phi_2\rangle$ は小さいのでゼロと
みなし, また, $\langle\phi_1|H|\phi_2\rangle \equiv t$ とおいて,

$$A\langle\phi_1|H|\phi_1\rangle + B\langle\phi_1|H|\phi_2\rangle = AE_1, \qquad \therefore \quad E_1 A + tB = AE$$

同様に,

$$t^* A + E_2 B = BE$$

これら, (A, B) に対する連立同次方程式が自明でない解をもつために, (係数
行列式) $= 0$ から,

$$E = \frac{1}{2}\left\{ E_1 + E_2 \pm \sqrt{(E_1 - E_2)^2 + 4|t|^2} \right\}$$

が得られる. これを上記の連立方程式に代入すると, 係数の比が,

$$\frac{A}{B} = -\frac{E_1 - E_2 \mp \sqrt{(E_1 - E_2)^2 + 4|t|^2}}{2t}$$

となることがわかる.

（ i ） $E_1 - E_2 \gg |t|$ のとき,

$$\frac{A}{B} \simeq -\frac{|t|}{E_1 - E_2} \quad \text{または} \quad -\frac{E_1 - E_2}{t}$$

（ ii ） $E_1 - E_2 \ll |t|$ のとき,

$$\left|\frac{A}{B}\right| \simeq 1$$

となる. これらのことより, 両者の固有エネルギーの差が大きい場合は, 波動
関数はどちらかに「局在」し, 逆の場合は, 広がる傾向があることがみてとれる.

第 6 章

[1] 仮に平面波の積が解になっているとすると，電子密度は一様であり，かつ，格子の正電荷を一様とみなせるのであれば，クーロン相互作用の項

$$U^{\text{ion}}(\boldsymbol{r}) + U^{\text{el}}(\boldsymbol{r}) = -\sum_{\nu}\frac{Ze^2}{|\boldsymbol{R}_{\nu}-\boldsymbol{r}|} + \sum_{j(\neq i)}e^2\int\frac{d^3\boldsymbol{r}}{|\boldsymbol{r}-\boldsymbol{r}'|}$$

は打ち消し合って，ゼロになる[1]．したがって，ハートレー近似では，運動エネルギーの項だけが残り，平面波が解になり，かつ，固有エネルギーは，自由電子と同じ $(\hbar^2/2m)\,\boldsymbol{k}_i^2$ になる．その場合，全エネルギーは，第2章の演習問題 [2] でみたように $E = (3/5)\,NE_{\text{F}}$ であるので，電子1個当たりの平均エネルギーを ϵ とすると，

$$\epsilon = \frac{3}{5}E_{\text{F}} = \frac{3}{5}\frac{50.1}{(r_{\text{s}}/a_0)^2}\,\text{eV} = \frac{2.21}{(r_{\text{s}}/a_0)^2}\,\text{Ry} \qquad (1\,\text{Ry} = 13.6\,\text{eV})$$

[2] ハートレー–フォック近似の場合でも，平面波解を仮定すると，$U^{\text{ion}}(\boldsymbol{r}) + U^{\text{el}}(\boldsymbol{r})$ については，問 [1] と同様の結論が導かれる．したがって，後は，交換項が平面波解と整合するかどうかを調べることになる．

平面波解を仮定すると，

$$(\text{交換項}) = \sum_{j}\int d\boldsymbol{r}'\,\frac{e^2}{|\boldsymbol{r}-\boldsymbol{r}'|}\,e^{-ik_j\cdot\boldsymbol{r}'}\,e^{ik_i\cdot\boldsymbol{r}'}\,e^{ik_j\cdot\boldsymbol{r}}$$

$$= \sum_{j}\int d\boldsymbol{r}'\,\frac{e^2}{|\boldsymbol{r}-\boldsymbol{r}'|}\,e^{-i(k_i-k_j)\cdot(\boldsymbol{r}-\boldsymbol{r}')}\,e^{ik_i\cdot\boldsymbol{r}}$$

$$= -\sum_{j}\frac{4\pi e^2}{|\boldsymbol{k}_i-\boldsymbol{k}_j|^2}\,e^{ik_i\cdot\boldsymbol{r}}$$

と変形され，確かに，$e^{ik_i\cdot\boldsymbol{r}}$ がハートレー–フォック方程式の解であるという形に表されることがわかった．ただし，2行目から3行目の変形は，クーロンポテンシャルのフーリエ変換が

$$\frac{e^2}{|\boldsymbol{r}|} = 4\pi e^2\int\frac{1}{\boldsymbol{q}^2}e^{i\boldsymbol{q}\cdot\boldsymbol{r}}$$

であることを利用している．右辺の積分は $|\boldsymbol{k}_j| < k_{\text{F}}$ の範囲で行う．この計算は通常通り実行できて，

$$(\text{交換項}) = \frac{2e^2}{\pi}\,k_{\text{F}}F\!\left(\frac{k_i}{k_{\text{F}}}\right) \qquad (k_i \equiv |\boldsymbol{k}_i|)$$

$$F(x) \equiv \frac{1}{2} + \frac{1-x^2}{4x}\ln\left|\frac{1+x}{1-x}\right|$$

となることがわかり，これに運動エネルギー $(\hbar^2/2m)\,k_i^2$ を加えたものが，固有

---

1) 正確には，$j \neq i$ という条件があるので，第2項の和で電子1個だけ差が出るが，これは全体からみると無視できる量（全電子数を N としたとき，$1/N$）である．

196   演習問題略解

エネルギーになる.

　ちなみに,交換項の総和を求め,電子1個当たりの値 ϵ_{ex} にすると

$$\epsilon_{ex} = -\frac{e^2 k_F^4}{(2\pi)^3 n} = -\frac{0.916}{r_s/a_0} \, \mathrm{Ry}$$

と表されることは,興味ある読者のさらなる演習問題としよう.

第 7 章

[1]　相関関数 $\Phi(t)$ の定義から,パルスを t だけずらして重ね,重なり区間 $[-t_0, b-t_0-t]$ $(t_0 = b/2-t)$ について積分を行えばよいので,

$$\Phi(t) = \int_{-t_0}^{b-t_0-t} K^2 \, dt = \begin{cases} K^2(b-|t|) & (|t| \le b) \\ 0 & (|t| \ge b) \end{cases}$$

となる.パワースペクトル密度を求めるために,これをフーリエ変換するのは容易である.

[2]　RTS は,$y(t)$ を整数値をとる確率変数として,

$$x(t) = (-1)^{y(t)}$$

と表すことができ,τ 秒間に n 回遷移が起こったとすると,

$$x(t)\,x(t+\tau) = (-1)^n$$

となる.遷移確率の分布がポアッソン分布(単位時間当たりの平均 k)に従うので,τ 秒間に n 回遷移が起こる確率を f_n とすると,

$$f_n = \frac{(k\tau)^n}{n!} e^{-k\tau}$$

であり,

$$\Phi(\tau) = \langle x(t)\,x(t+\tau) \rangle = \sum_n (-1)^n f_n(\tau)$$

$$= \sum_n \frac{(-k\tau)^n}{n!} e^{-k\tau}$$

$$= e^{-2k\tau}$$

が得られる.ただし,この議論では,$\tau > 0$ が仮定されている.τ を負の値まで拡張するのであれば,

$$\Phi(\tau) = e^{-2k|\tau|}$$

である.改めて,変数の置き換えを行うと,

　$\Phi(t) = e^{-t/\tau}$　　(この表式の τ は $1/2k$ であり,上の τ とは違うので注意)

が得られる.これにフーリエ変換を行うと,

$$S(\omega) = \frac{\tau/2\pi}{1+(\omega\tau)^2}$$

が得られる．これも，**ローレンツ・スペクトル**とよぶ．

[3]　(7.33) より

$$S(\omega) = S_0 \int \frac{\tau}{1 + (\omega\tau)^2} \, g(\tau) \, d\tau = S_0 \int \frac{\tau}{1 + (\omega\tau)^2} \, D(\Delta) \, d\Delta \qquad (\omega = 2\pi f)$$

$$\tau = \tau_0 \exp\left(\frac{\Delta}{k_B T}\right)$$

であるので，

$$\frac{d\tau}{\tau} = \frac{1}{k_B T}$$

したがって，$D(E)$ が Δ_1 と Δ_2 の間で一様なとき，$g(\tau) = A/\tau$（A は定数）となり，これを代入して $x \equiv \omega\tau$ の変数変換を行うと，

$$S(\omega) = \frac{S_0}{\omega} \int_{x_1}^{x_2} \frac{dx}{1 + x^2} \propto \frac{1}{\omega}$$

が得られる．

第 8 章

[1]　$\left(\dfrac{\partial G}{\partial T}\right)_P = -S, \qquad \left(\dfrac{\partial^2 G}{\partial T^2}\right)_P = -\dfrac{\partial S}{\partial T} = -\dfrac{C_P}{T}$.

したがって，2 相での $\left(\dfrac{\partial G}{\partial T}\right)_P$，$\left(\dfrac{\partial^2 G}{\partial T^2}\right)_P$ の差を $\Delta\left(\dfrac{\partial G}{\partial T}\right)_P$，$\Delta\left(\dfrac{\partial^2 G}{\partial T^2}\right)_P$ としたとき，

$$\Delta\left(\frac{\partial G}{\partial T}\right) = -\Delta S \equiv -TL, \qquad \Delta\left(\frac{\partial^2 G}{\partial T^2}\right) = -\frac{1}{T}\Delta C_p$$

となり，1 次転移では潜熱 L が，2 次転移では比熱のとび ΔC_p がある．

[2]　$\qquad\qquad\qquad\qquad \phi_1 = \Delta e^{i\theta_1}, \qquad \phi_2 = \Delta e^{i\theta_2}$

をシュレーディンガー方程式

$$\begin{cases} i\hbar \dfrac{\partial}{\partial t} \phi_1 = E_1 \phi_1 + \lambda \phi_2 \\[2mm] i\hbar \dfrac{\partial}{\partial t} \phi_2 = E_2 \phi_2 + \lambda \phi_1 \end{cases}$$

に代入して，実部・虚部を比較すると，

$$-\hbar \frac{d\Delta_1}{dt} \sin\theta_1 - \hbar \frac{d\theta_1}{dt} \Delta_1 \cos\theta_1 = E_1 \Delta_1 \cos\theta_1 + \lambda \Delta_2 \cos\theta_2$$

$$\hbar \frac{d\Delta_1}{dt} \sin\theta_1 - \hbar \frac{d\theta_1}{dt} \Delta_1 \sin\theta_1 = E_1 \Delta_1 \sin\theta_1 + \lambda \Delta_2 \sin\theta_2$$

$$-\hbar \frac{d\Delta_2}{dt} \sin\theta_2 - \hbar \frac{d\theta_2}{dt} \Delta_2 \cos\theta_2 = E_2 \Delta_2 \cos\theta_2 + \lambda \Delta_1 \cos\theta_1$$

$$\hbar \frac{d\Delta_2}{dt} \cos \theta_2 - \hbar \frac{d\theta_2}{dt} \Delta_2 \sin \theta_2 = E_2 \Delta_2 \sin \theta_2 + \lambda \Delta_1 \sin \theta_1$$

[{(第1式) × $\cos \theta_1$ + (第2式) × $\sin \theta_1$}/Δ_1 − {(第3式) × $\cos \theta_2$ + (第4式) × $\sin \theta_2$}/Δ_2] から,

$$\hbar \frac{d(\theta_2 - \theta_1)}{dt} = E_1 - E_2 + \lambda \frac{\Delta_2^2 - \Delta_1^2}{\Delta_1 \Delta_2} \cos(\theta_2 - \theta_1)$$

が得られ,$E_1 - E_2 = -2eV$ とおいて,第2項を無視すれば,これは交流ジョセフソン効果の表式に他ならない.

一 方,{(第1式) × $\Delta_1 \sin \theta_1$ − (第2式) × $\Delta_1 \cos \theta_1$},{(第3式) × $\Delta_2 \sin \theta_2$ − (第4式) × $\Delta_2 \cos \theta_2$} から,それぞれ,

$$\hbar \frac{d(\Delta_1^2)}{dt} = \lambda \Delta_1 \Delta_2 \sin(\theta_2 - \theta_1)$$

$$\hbar \frac{d(\Delta_2^2)}{dt} = -\lambda \Delta_1 \Delta_2 \sin(\theta_2 - \theta_1)$$

が得られる.Δ_1^2, Δ_2^2 はそれぞれ,超流体密度を表すので,その時間微分は流れを表していることになり,これは直流ジョセフソン効果の表式に他ならない.

ついでに,これから,

$$\frac{d(\Delta_2^2)}{dt} = -\frac{d(\Delta_1^2)}{dt}, \qquad \frac{d(\Delta_1^2 + \Delta_2^2)}{dt} = 0$$

も得られる.

索　引

ア

RTS（ランダム電信信号）
　109,110
アインシュタイン・モデ
　ル　59
アクセプター　74
熱い電子（ホット・エレ
　クトロン）　112
アドミッタンス（応答関
　数）　175
アハラノフ – ボーム効果
　（AB 効果）　127,169
アバランシェ・ブレーク
　ダウン（雪崩降伏）
　113
アンサンブル平均　99
アンダーソン局在　77,
　125
アンペア　1
アンペールの法則　146

イ

1 次相転移　116
異常表皮効果　124
位相確定　153
位相緩和長　78
位相空間　42
位相コヒーレント　154
移動度　40
因果律　64
インピーダンス　175

表面――　177

ウ

ウィグナー結晶　122
ウィーナー – ヒンチンの
　定理　100

エ

$1/f$ 雑音　98
AB 効果　127,170
n 型半導体　72
SDW（スピン密度波）
　121
s – d ハミルトニアン
　79
SI 単位系　7,162
エキシトン　63
エッジ状態　135,139
エッジ電流　137
エニーオン　134
エネルギー・ギャップ
　23
エネルギー等分配則
　104
エネルギーバンド　23
エルゴード性　99

オ

応答関数
　（アドミッタンス）　64
オーム　1
　――の法則　1

重い電子系　79
音響モード　58
オンサイトのクーロンエ
　ネルギー　92
音子（フォノン）　28,60
音速　57

カ

カイラル　137
カオス　137
化学ポテンシャル　18
確率過程　99
過剰雑音　98
カットオフの周波数　67
価電子　20
　――帯　74
ガン効果　114
感受率（磁化率）　6,162
間接遷移　53
完全反磁性　143
ガン発振器　114
緩和時間　43
　――近似　43

キ

擬 1 次元物質　117
規格化条件　14
規格化定数　14
基準振動　56
擬 2 次元物質　89,117
基本格子ベクトル　20
逆格子基本ベクトル　22

200　索　引

逆格子ベクトル　22
キャリヤー　40,72
強磁性体　162
強相関電子系　93
局在性　94
局所的ゲージ変換　170
巨視的量子現象　146
巨視場　163
許容帯　21
禁止帯　22
近接作用　3
金属　5
　── 絶縁体転移　76

ク

クーパー対　151
久保公式(揺動散逸定理)
　105
グラフィーン　135
クラマース - クローニッ
　ヒの関係　64,66
クーロン相互作用　81

ケ

ゲージ原理　170
ゲージ対称性の破れ
　150
ゲージ場　170
ゲージ変換　169 - 171
　局所的 ──　170
　大局的 ──　170
ゲージボソン　170
結合状態密度　53
結晶　20
　── 運動量　33
　　ウィグナー ──　122

ゲート電極　126

コ

光学モード　58
　横波 ──　59
交換項　96
交換相互作用　84,115
光子　52
格子　10,20
　── 振動　27,56 - 61
　── ベクトル　20
高温超伝導　88,155
交換関係　60
高調波発生　115
光導波路(光ファイバー)
　178
高濃度近藤系　79
交流ジョセフソン効果
　146
黒体輻射　105
コーシーの定理　65
固有関数　14
固有値　14
混合状態　158
コンダクタンス　2,175
近藤温度　79
近藤効果　78
近藤コヒーレント状態
　79

サ

サイクロトロン運動　37
サイクロトロン周波数
　38
サセプタンス　175
散乱雑音　97,106

サンプリング定理　107

シ

CDW (電荷密度波)
　117
cgs ガウス単位系　7,
　162
GL 理論　148 - 150
磁化　161
　── 率 (感受率)
　162
時間に依存しないシュレ
　ーディンガー方程式
　13
時間反転対称性　134
磁気長　132
磁気抵抗　40,78
磁気的電流　154
磁気モーメント　160
自己相似性　107
磁束の量子化　144
磁束量子　144
磁場侵入長　147
自発磁化　149,162
ジーメンス　2
弱局在　77
遮蔽効果　85
遮蔽電流　148
周期的境界条件　14
周期ポテンシャル　20
集積回路　70
集中定数回路　176
自由電子　5
縮退　17
　フェルミ ──　19
シュブニコフ - ド・ハー

索　引　201

ス振動　132
ジュール熱　2,141
ジュールの法則　2
シュレーディンガー方程
　式　12
準定常電流の近似　173
準粒子　86
常磁性　162
　──　電流　154
状態密度　30
衝突イオン化　113
消滅演算子　61
常流体　146
ジョセフソン効果　144
　交流──　146
　直流──　145
ショット雑音　97,106
真空の誘電率　6
振動子強度　51
　──の総和則　51

ス

水素類似近似　80
垂直遷移　53
スカラーポテンシャル
　168
スピン　16
　──-軌道相互作用
　135
　──波　29
　──・フリップ散乱
　79
　──密度波（SDW）
　121
　──流　134
スペクトラムアナライ

ザー　99
滑り運動（スライディン
　グ）　119
スレーター行列式　84

セ

Z_2トポロジカル不変量
　135
正孔　40
整数量子ホール効果
　129,136
生成演算子　61
絶縁体（不導体）　4
　トポロジカル──
　134
　モット──　93
接触電位差　175
ゼロ点運動　18
ゼロ点エネルギー　60
遷移金属酸化物　86
線形応答　64

ソ

相　116
相関エネルギー　88,99
双極子モーメント　6
相転移　116
　1次──　116
　2次──　116
総和則　51,67
素励起　62

タ

ダイアディック積　45
第1ブリュアン域　23
大局的ゲージ変換　170

対称性の破れ　149
第Ⅱ種超伝導体　157
ダイヤモンド構造　45
多体効果　88
多体問題　93
畳込み積分　64
縦波　57
　──音響モード　59
　──光学モード　59
単位胞　57
弾道的伝導（バリスティ
　ック伝導）　125
断熱近似　82

チ

遅延ポテンシャル　173
秩序パラメーター　149
チャーン数　137
長時間平均　79
超伝導　141
超流体　146
調和振動子　28,60,131
直接遷移　53
直流ジョセフソン効果
　145

ツ

ツェナー・ダイオード
　113
ツェナートンネル効果
　35

テ

抵抗　175
　──率　3
表面──　177

索 引

低次元物質　117
定常状態　13
定常的　98
ディラック・コーン　135
ディラック定数　12
ディラック δ 関数　121
ディラック方程式　135
鉄系超伝導体　135
デバイ周波数　59
デバイ波数　59
デバイ・モデル　59
電圧制御型　114
電界効果トランジスタ　126
電荷保存則　170
電荷密度波（CDW）　117
電気抵抗率（抵抗率）　3
電気的電流　154
電気伝導度（伝導度）　3
　複素——　49
電気変位　7
電子エネルギー損失分光　63
電子間引力　151
電子 - 格子相互作用　28,118,151
電子数不確定　154
電子線ホログラフィー　171
電子相関　88
電子雪崩　113
電磁波の放射　171
電磁ポテンシャル　168
伝送線　176

伝導帯　72
電流制御型　114

ト

等価回路　176
銅酸化物超伝導体　88,95,155
同軸ケーブル　176
透磁率　162
　比——　162
導体　4
ドゥルーデ・モデル　10
ドナー　73
トポロジカル絶縁体　134
トポロジカル不変量　135
トーマス - フェルミ近似　86
トランジスタ　70
トランスファー積分　80,94

ナ

内殻電子　20
ナイキストの定理　97,103,104
雪崩降伏（アバランシェ・ブレークダウン）　113

ニ

2 次元電子系（2DEG）　129
2 次相転移　116
二流体モデル　146

ネ

ネーターの定理　170
熱雑音　97
ネットワーク・アナライザー　177

ハ

パイエルス転移　119
パウリ原理（パウリの排他律）　16
パウリ常磁性　132
白色雑音　100,103
波束　31
波動関数　12
ハートレー近似　84
ハートレー - フォック近似　84
場の量子化　59
ハバード・モデル　94
パワースペクトル密度　99
バリスティック伝導（弾道的伝導）　125
バルク　134
反強磁性磁気秩序　93
反磁場係数　163
半金属　26
半磁性　143,162
反転層　129
半導体　5
　n 型——　72
　p 型——　72
バンド間遷移　52
バンド構造　21
バンド幅　24,33,94

索　　引　203

バンド分散　33
バンド理論　83
反分極係数　163
反分極場　163

ヒ

BCS 理論　141
p 型半導体　72
光ファイバー
　（光導波路）　178
非局所的　124
微細構造定数　133
微視場　163
ヒステリシス　158
非整合　119
非線形光学　115
非線形伝導　112
比透磁率　162
微分負性抵抗　114
非平衡　41,105,106,110
比誘電率　7,160
表皮厚さ　123,172
表皮効果　124,171
　異常――　124
表面インピーダンス
　177
表面抵抗　177
表面リアクタンス　177
ピン止め　119,157

フ

ファン・ホーベの特異性
　54
フェルミ液体論　86
フェルミエネルギー　17
フェルミ縮退　19

フェルミ速度　18
フェルミ波数　17
フェルミ分布関数　17,
　18
フェルミ粒子　16
フォノン（音子）　28,61
不確定性関係　32,60,
　154
不確定性原理　15
複素電気伝導度　49
複素誘電率　49
不純物ドープ　71
不純物バンド　75
物質の誘電率　160
不導体（絶縁体）　4
普遍的コンダクタンスゆ
　らぎ（UCF）　127,
　128
フラクソイド　144
プラズマ・エッジ　63
プラズマ周波数　69
プラズマ振動　63
プラズモン　63
フラッシュ・メモリー
　113
プランク定数　12
プランクの輻射式　105
ブリュアン域　23
ブロッホ関数　21
ブロッホ振動　34
分極　6
分散関係　57,66
分子性導体　121,135
分数電荷　134
分数量子ホール効果
　133

分布定数回路　176

ヘ

平均自由行程　11
平面波　15
ベクトルポテンシャル
　168
ヘテロ構造　133
ヘリカルな状態　134
変位電流　49
遍歴性　94

ホ

ポアッソン分布　103
ポインティング・ベクト
　ル　174
ボース分布　105
ボース粒子　16
ホット・エレクトロン
　112
ホッピング伝導　75
ポラリトン　61
ポーラロン　63
ホール（正孔）　40,72,
　74
　――係数　39
　――効果　38
ボルツマン定数　5
ボルツマン分布　11,104
ボルツマン方程式　42
ボルテックス　158
ボルト　1

マ

マイスナー－オクセンフ
　ェルト効果　143

204　索　引

マクスウェル方程式
　160, 168, 172 - 174
マクスウェル - ボルツマ
　ン分布　19
マグノン　63
摩擦の物理　158
マヨナラ・フェルミオン
　136
マルコフ性　106

メ

メゾスコピック系　125

モ

MOS 構造　129
モー　2
モット絶縁体　93
モット転移　76
モット - ハバード転移
　94

ユ

UCF (普遍的コンダクタ
　ンスゆらぎ)　127, 128
有効質量　33
誘電率　7, 160
　真空の──　7
　比──　7, 160
　複素──　49
ゆらぎ　97

ヨ

揺動散逸定理(久保公式)
　105
横波　57
　──音響モード　59
　──光学モード　59

ラ

乱雑位相近似　88
ランダウアー公式　125,
　126
ランダウ準位　132
ランダウ反磁性　132
ランダウ - フェルミ流体
　論　86
ランダウ理論　149
ランダム電信信号
　(RTS)　109, 110

リ

リアクタンス　175
　表面──　177
立体回路　177
立方晶　45
リトル - パークスの実験
　144
リュービルの定理　42
量子拡散　78, 125
量子干渉　77

量子凝縮状態　149
量子数　21
量子スピン・ホール状態
　137
量子ホール効果　130
　分数──　133
臨海温度　141
臨界磁場　157

レ

レストシュトラーレンバ
　ンド　62
連続の式　170

ロ

ロックイン・アンプ
　175
ローレンツ・ゲージ
　169
ローレンツ条件　168
ローレンツ振動子　51
ローレンツ・スペクトル
　197
ローレンツ場　164
ローレンツ変換　169
ロンドン方程式　146

ワ

ワット　2

著者略歴

前田京剛(まえだあつたか)

1958 年	東京都生まれ
1985 年	東京大学大学院工学系研究科博士課程中退
同年	東京大学工学部助手
1989 年	工学博士(東京大学)
1990 年	東京大学工学部講師
1992 年	東京大学教養学部助教授
1995 年	東京大学大学院総合文化研究科助教授
2009 年	同教授
	現在に至る
専門	物性実験やその応用

物性科学入門シリーズ　電気伝導入門

2019 年 6 月 15 日　第 1 版 1 刷発行

著作者	前田京剛
発行者	吉野和浩
発行所	〒102-0081 東京都千代田区四番町 8-1 電話 03-3262-9166～9 株式会社　裳華房
印刷所	株式会社　真興社
製本所	株式会社　松岳社

検印省略

定価はカバーに表示してあります.

一般社団法人
自然科学書協会会員

JCOPY 〈出版者著作権管理機構 委託出版物〉

本書の無断複製は著作権法上での例外を除き禁じられています．複製される場合は，そのつど事前に，出版者著作権管理機構（電話03-5244-5088, FAX 03-5244-5089, e-mail: info@jcopy.or.jp）の許諾を得てください.

ISBN 978-4-7853-2923-5

© 前田京剛, 2019　　Printed in Japan

物性科学入門シリーズ

物質構造と誘電体入門

高重正明 著

A5判／236頁／定価（本体3500円＋税）

　物質構造と誘電体を理解する上で必要となる基本事項について，原子レベルやナノスケールよりも物質の巨視的な外形に重点を置いて解説した．
【主要目次】物質の分類と状態／物質の構造／格子振動と熱的性質／誘電体の基礎／物質の誘電性／強誘電体／誘電体の研究

液晶・高分子入門

竹添秀男・渡辺順次 共著

A5判／224頁／定価（本体3500円＋税）

【主要目次】液晶編（液晶の分類／いろいろな液晶相の構造／弾性的変形－液晶の弾性論－／液晶における欠陥構造／等方相－ネマチック相転移の理論／強誘電性と反強誘電性／液晶ディスプレイの物理）　高分子編（高分子1本の多様な形と性質／希薄溶液中の高分子の振舞／高分子液体の性状／高分子の相転移／高分子の混合系）

超伝導入門

青木秀夫 著

A5判／204頁／定価（本体3300円＋税）

　超伝導の本質と考えられる事柄を，初学者にとっては入門書として，既習者にとっては自らの知識を整理する参考書として役立つように執筆．
【主要目次】超伝導とは何か／統計力学の復習と超伝導の現象論／ＢＣＳ理論／高温超伝導／電子相関と超伝導／様々な物質における超伝導／超流動と量子ホール効果／課題と展望

磁性入門

上田和夫 著

A5判／180頁／定価（本体2700円＋税）

　量子力学と統計物理学の基礎的事項のみを前提として，基礎概念が理解できるように解説した．必要な計算等は省かず，丁寧に記述されている．
【主要目次】磁性学の勉強を始める前に／磁性の古典論と量子論／原子・イオンの磁性／遍歴電子のモデル／磁性絶縁体の理論／遍歴電子系の磁性理論／磁性と超伝導 －結びに代えて－

物性科学入門 ［物性科学選書］

近角聰信 著

A5判／364頁／定価（本体5100円＋税）

　これから物性科学を学ぶ学生・研究者等のために，高度な数式は避けて，なるべく物理的イメージを与えるように心掛けた．また，物質を広い立場から概観し，物性を周期表上に位置づける習慣を養えるよう，話題になっている物性定数を記入した元素の周期表を随所に入れる等の工夫を施した．
【主要目次】1. 原子の電子構造　2. 結晶と回折　3. 弾性と塑性　4. 格子振動と熱物性　5. 状態図　6. 誘電性　7. バンド構造　8. 電気伝導　9. 半導体物性とその応用　10. 反磁性と超伝導　11. 常磁性と断熱消磁　12. 強磁性　13. 光物性　14. 極限物性

磁性学入門

白鳥紀一・近 桂一郎 共著

A5判／360頁／定価（本体4700円＋税）

　出来上がった結果の羅列ではなく，基礎から出発して調べていく過程に重点を置き，はっきりとした物理的なイメージの形成を目標とした磁性学の本格的な入門書．
【主要目次】0. 磁性学の勉強を始める前に　1. 序章 －自立した磁気モーメント－　2. 結晶中の局在電子状態　3. 格子の歪みと磁気異方性・磁歪　4. 孤立した磁気モーメントの固有振動　5. スピン間相互作用と磁気秩序　6. 整列したスピン系の励起状態　7. スピン系の統計力学　8. 応用磁気学（マグネティクス）の基礎

結晶欠陥の物理

前田康二・竹内 伸 共著

A5判／228頁／定価（本体3500円＋税）

　拡散や塑性変形のような現象を理解し，それを意図的に制御するためには，「結晶欠陥」の性質に関する基礎的な知識が不可欠である．本書は"結晶欠陥の物理"を特定の物質に限らずになるべく広い視野から眺め，物質科学を学ぶ学生や物質の研究に携わる研究者に役立つことを願って執筆された．

裳華房ホームページ **https://www.shokabo.co.jp/**